Nachgekochte Gerichte

ST Rorer

Writat

Diese Ausgabe erschien im Jahr 2023

ISBN: 9789358812480

Herausgegeben von
Writat
E-Mail: info@writat.com

Inhalt

VORWORT

Kluge Voraussicht, also Sparsamkeit, steht an erster Stelle der häuslichen Pflichten. Armut beeinträchtigt in keiner Weise die Fähigkeit, Speisen zuzubereiten. Ziel des Kochens ist es, jeder einzelnen Zutat, die bei der Zubereitung eines Gerichts verwendet wird, den richtigen Geschmack zu verleihen und es leichter verdaulich zu machen. Für eine bewundernswerte Würze sorgen die kleinen Gemüsereste, die allzu oft im Mülleimer landen.

Wirtschaftliches Marketing bedeutet nicht den Kauf minderwertiger Artikel zu einem günstigen Preis, sondern den Kauf einer kleinen Menge der besten Materialien, die auf dem Markt erhältlich sind. Diese Materialien müssen sinnvoll und sparsam eingesetzt werden. Kleine Mengen und kein Abfall, gerade genug und kein Stück zu viel, ist eine gute Regel, die man sich merken sollte. Bei Braten und Steaks bleiben jedoch trotz sorgfältigem Einkauf Reste übrig, die bei sparsamer Verwendung in schmackhafte, ansprechende und gesunde Gerichte für das Mittag- oder Abendessen am nächsten Tag umgewandelt werden können.

Kaufen Sie niemals sogenanntes zartes Fleisch für Eintöpfe, Hamburgersteaks oder Suppen; Sie sollten auch kein Rund- oder Schultersteak zum Grillen oder ein altes Huhn zum Braten kaufen. Wählen Sie ein Geflügel für ein Frikassee, ein Huhn zum Braten und ein sogenanntes Frühlingshuhn zum Grillen. Jeder hat seinen eigenen individuellen Preis und Ort.

Bewahren Sie für die Brühe jeden Knochen auf, egal ob Rind, Hammel, Geflügel oder Wild, sowie alle Säfte, die in den Fleischtranchschalen auf dem Tisch zurückbleiben, und das Wasser, in dem Fleisch und bestimmte Gemüse gekocht werden. In dieses Lagerhaus – denn so ein Suppentopf ist das – kommen auch die harten Enden der gebratenen Rippen, die beim Rösten geschmacklos und trocken werden würden; die Stücke, die von den französischen Koteletts genommen werden; der Knochen, der vom Lendensteak auf dem Teller übrig bleibt; und jedes Stück des Kadavers, das auf dem allgemeinen Tranchierteller aller Arten von Wild und Geflügel übrig blieb. Nachdem das Fleisch vom Braten genommen wurde, werden auch diese Knochen verwendet.

AKTIE

Bei jeder guten Küche besteht ein ständiger Bedarf an einem halben Pint oder einem Pint Brühe. Braune Soße und Tomatensoße, eigentlich alle Fleischsoßen, lassen sich entschieden besser aus Brühe als aus Wasser zubereiten, und da sie in jedem Haushalt ohne die zusätzlichen Kosten eines Pennys erhältlich sind, gibt es überhaupt keine Entschuldigung dafür, darauf zu verzichten. Bewahren Sie die am Samstag, Sonntag und Montag gesammelten Knochen auf. Hühner- und Kalbsknochen können zusammen aufbewahrt werden; Rindfleisch, Hammelfleisch und Schinken in einer anderen Partie; Einer ergibt eine weiße Brühe, der andere eine braune. Wenn die Menge klein ist, geben Sie sie alle zusammen. Die Knochen aufschlagen, auf den Boden eines großen Suppenkessels geben, mit kaltem Wasser bedecken, langsam zum Sieden bringen und abschöpfen. Schieben Sie den Wasserkocher in den hinteren Teil des Herdes, wo die Brühe mindestens drei Stunden lang köcheln kann, und fügen Sie dann eine Zwiebel, in die Sie zwölf Nelken gesteckt haben, ein Lorbeerblatt, ein paar Selleriespitzen oder ein wenig Selleriesamen hinzu und eine in Scheiben geschnittene Karotte; Eine weitere Stunde leicht köcheln lassen und abseihen. Dienstage und Samstage sind die besten Tage zum Zubereiten von Brühen, da an diesen Tagen lange, ununterbrochene Feuer stattfinden; Dienstags zum Bügeln; Samstags zum Brotbacken; Auf diese Weise sparen Sie Kohle, Wärme und Zeit.

Wenn Sie Tomatensuppe zubereiten, fügen Sie zu jedem halben Liter Tomaten einen halben Liter dieser Brühe anstelle von Wasser hinzu. Alternativ kann die Brühe einfach erhitzt, gut gewürzt und als klare Suppe verwendet werden. Durch die Zugabe von etwas gekochtem Reis oder Makkaroni erhalten Sie eine Reis- oder Makkaronisuppe.

In Cremesuppen, in denen Brühe das Wasser ersetzt, führt weniger Milch zu gleichen, vielleicht sogar besseren Ergebnissen. Wenn Sie beispielsweise eine Selleriecremesuppe zubereiten möchten, bedecken Sie den Sellerie mit kalter Brühe anstelle von Wasser, verwenden Sie einen Liter anstelle eines halben Liters Wasser und verwenden Sie dann nur einen halben Liter Milch, um am Ende die gleiche Menge eines viel schmackhafteren Getränks zu erhalten Suppe zu einem günstigeren Preis. Man merkt schnell, dass alle zubereiteten Gerichte schmackhafter sind , wenn Brühe anstelle von Wasser verwendet wird. Wenn Erbsen, Bohnen oder Kohl gekocht werden, kann dieses Wasser zu dem Wasser gegeben werden, in dem Rind- oder Hammelfleisch gekocht wurde, das Ganze durch schnelles Kochen vorsichtig eingekocht, abgeseiht und zur Verwendung beiseite gestellt werden.

GEKOCHTER FISCH

Canapés

Kalt gekochter Fisch eignet sich hervorragend als Canapés. Zu jedem halben Pint Fisch reichen sechs Quadrate geröstetes Brot. Wenn Sie noch kalte Salzkartoffeln übrig haben, geben Sie Milch hinzu, machen Sie sie heiß und geben Sie sie in einen Spritzbeutel. Verzieren Sie den Rand des Toasts mit diesem Kartoffelpüree, indem Sie ein kleines Sternröhrchen verwenden; Legen Sie sie wieder in den Ofen, bis sie hellbraun sind. Den Fisch zu einer Fischcreme verarbeiten. Butter und Mehl verreiben, einen halben Liter Milch hinzufügen, den Fisch hinzufügen und mit Salz und Pfeffer gut würzen. Mit diesem Rahmfisch die Kerne auf dem Toast verteilen und sofort an den Tisch servieren. Ein sehr kleiner Fisch macht hier eine gute Figur und ist eines der schönsten heißen Canapés.

Gebackene Sardinen

Nachdem die Sardinen einmal geöffnet wurden, nehmen Sie sie am besten aus der Dose und bereiten sie als Gericht für die nächste Mahlzeit zu. Sie können gegrillt und auf Toast serviert oder mit Semmelbröseln zu Sardinenbällchen geformt und frittiert oder gebacken werden. Um sie zu backen, rühren Sie das Öl aus der Dose in eine halbe Tasse Wasser, fügen Sie einen Teelöffel Worcestershire-Sauce, einen halben Teelöffel Salz und eine Prise Pfeffer hinzu. Legen Sie den Fisch in eine Backform, lassen Sie ihn im Ofen heiß werden, richten Sie ihn dann an, begießen Sie ihn mit der Soße und geben Sie ihn sofort auf den Tisch.

Fischkroketten

Der übrig gebliebene kaltgekochte Fisch kann zu Kroketten verarbeitet werden. Geben Sie zu jeder Tasse kalten Fisch einen gestrichenen Esslöffel Butter, zwei gestrichene Esslöffel Mehl und eine halbe Tasse Milch. Butter und Mehl verreiben, Milch dazugeben; Wenn es kocht, vom Feuer nehmen. Geben Sie zum Fisch einen gestrichenen Teelöffel Salz, eine Prise schwarzen Pfeffer, einen Esslöffel gehackte Petersilie und ein paar Tropfen Zwiebelsaft; Vorsichtig mit der Paste vermischen und abkühlen lassen. Nach dem Erkalten kleine Zylinder formen, in geschlagenes Ei tauchen und in tiefem, heißem Fett braten.

Fisch à la Crême

Ein Pint kalter gekochter Fisch, gemischt mit einem halben Pint weißer Soße. In eine Auflaufform geben und anbraten. Oder wenn beides sorgfältig erhitzt wird, servieren Sie es entweder in Auflaufförmchen oder mit einem Rand aus gebräuntem Kartoffelpüree.

FLEISCH

Da Fleisch das teuerste und extravaganteste aller Lebensmittel ist, obliegt es der Hausfrau, alle Reste aufzubewahren und in andere Gerichte zu verarbeiten. Die sogenannten minderwertigen Stücke – nicht minderwertig, weil sie weniger Nährstoffe enthalten, sondern minderwertig, weil die Nachfrage nach solchem Fleisch geringer ist – sollten für alle Gerichte verwendet werden, die vor dem Kochen zerkleinert werden, wie Hamburgersteaks, Currybällchen, Kibbee oder für Eintöpfe , Ragouts, Schmorbraten und verschiedene Gerichte, bei denen eine Soße verwendet wird, um die Minderwertigkeit und Hässlichkeit des Gerichts zu verbergen. Wir haben hier keinen Anlass, Geld für gutes Aussehen auszugeben.

Wenn man Fleisch für die Suppe kauft, sind Keule und Schienbein die besseren Teile. Dies ist jedoch in der normalen Familie nicht notwendig, da immer genügend Knochen für den täglichen Vorrat übrig bleiben. Alles Fleisch, das vom Rindertee übrig bleibt, kann, so geschmacklos es auch ist, gut gewürzt und zu Currys oder Pressfleisch verarbeitet werden, was wiederum ein schönes Gericht zum Mittag- oder Abendessen ergibt. Denken Sie daran, dass dort, wo das Aroma des Rindfleischs ins Wasser gelangt ist, wie bei der Zubereitung von Rindfleischtee, ein weiteres entschiedenes Aroma hinzugefügt werden muss, um das zubereitete Gericht schmackhaft zu machen. Aus diesem Grund werden Currys und Pressfleisch gewählt, die entweder mit Worcestershire- oder Tomatensauce serviert werden.

Kaltes Hammelfleisch kann zu Pilau verarbeitet werden, auf Toast mit Tomatensoße geraspelt, mit Kapernsoße zerstampft, zu überbackenem Hammelfleisch, gegrilltem Hammelfleisch, Auflauf oder Makkaroni-Timbale verarbeitet werden; Allesamt hübsche Gerichte, recht ansehnlich, um sie dem erlesensten Gast vorzustellen. Gewürztes Fleisch, wie Rindfleisch *à la mode* , kann kalt mit Sahnemeerrettichsoße und Aspikgelee serviert werden. Wenn sie warm sind, werden sie zu Ragouts oder anderen Gerichten mit brauner oder Tomatensauce verarbeitet. Man sollte bedenken, dass weißes Fleisch mit weißen oder gelben Soßen serviert wird; dunkles Fleisch mit brauner oder Tomatensauce. Die groben Spitzen des Lendensteaks und die harten Enden des Rumpsteaks können, wenn sie gegrillt sind, unmöglich gegessen werden, da die trockene Hitze das Kauen erschwert. Schneiden Sie sie ab, bevor das Steak gegrillt wird, und legen Sie sie beiseite, um sie für Hamburgersteaks, Currybällchen, Timbale oder Cannelon zu verwenden und aus dem, was sonst weggeworfen worden wäre, ein neues und ansprechendes Gericht zu machen.

Wenn Sie Schinken verwenden und ein Stück gekocht haben, schneiden Sie nach dem Abtrennen der gleichmäßigen Scheiben die restlichen zarten

Stücke für Frizzled-Schinken ab, sodass dieser wie Frizzled-Beef zubereitet wird. Die Stücke rund um den Knochen, die unmöglich in Scheiben geschnitten werden können, werden gehackt und zu Topf- oder Teufelsschinken verarbeitet. Werfen Sie den Knochen in den Suppentopf.

Ein Fleischzerkleinerer oder -wolf, der nur anderthalb oder zwei Dollar kostet, wird durch die Nutzung dieser Abfälle in weniger als einem Monat seinen Preis einsparen.

Das Wasser, in dem Sie eine Hammelkeule, ein Huhn, einen Truthahn oder eine frische Rinderzunge oder Gemüse wie Bohnen, Erbsen, Reis, Makkaroni oder Gerste kochen, stellen Sie beiseite und verwenden Sie es anstelle von klarem Wasser, um die Knochen für die Brühe zu bedecken -Herstellung. Das Wasser, in dem der Kohl gekocht wird, sollte allein aufbewahrt und am nächsten Tag für eine Crécy- Suppe verwendet werden ; Der Geschmack des Kohls ergibt zusammen mit einer leicht in Butter angebratenen Karotte eine köstliche Suppe ohne Fleischzusatz.

RINDFLEISCH – UNGEKOCHT

Die ungekochten zähen Stücke oder Stücke vom Rindfleisch können zu einem der folgenden Gerichte verarbeitet werden:

Kibbee

Rohes, zähes Fleisch sehr fein hacken; Geben Sie es zweimal durch eine Mühle. Geben Sie für jedes Pfund einen Esslöffel geriebene Zwiebeln, einen Esslöffel gehackte Petersilie, einen Teelöffel Salz, nur eine Prise Pfeffer und eine halbe Tasse geröstete Pinienkerne hinzu. Zu etwa eigroßen Kugeln formen, in eine Backform stellen, einen halben Pint passierte Tomaten und einen Esslöffel Butter hinzufügen und 30 Minuten langsam backen, dabei drei- oder viermal begießen. Wenn mehr als ein Pfund Fleisch verwendet wird, müssen alle Zutaten entsprechend erhöht werden.

Hamburger Steaks

Die echten Hamburger Steaks sind reich an Zwiebeln und sehr reich an Fett, zu viel, um gesund zu sein; Deshalb werden wir sie so modifizieren, dass sie auch von Menschen mit Magen-Darm-Beschwerden oder Personen mit schwacher Verdauung gegessen werden können. Schneiden Sie die harten Enden der Steaks oder Teile davon zweimal durch einen Fleischwolf. Geben Sie zu jedem Pfund dieses Fleisches einen halben Teelöffel Selleriesamen und einen Teelöffel geriebene Zwiebeln. Formen Sie dicke, gleichmäßige Kuchen und achten Sie darauf, dass die Mitte und die Seiten gleich dick sind. Diese können nun über einem klaren Feuer oder unter den Gaslampen Ihres Gasgrills gegrillt oder in eine gründlich erhitzte Eisenpfanne gegeben werden. Sobald die eine Seite gebräunt ist, wenden und die andere Seite bräunen. Wenn die Steaks 2,5 cm dick sind, dauert es acht Minuten, bis sie perfekt gegart sind. Eine äußerst zufriedenstellende Methode besteht darin, sie schnell über einem heißen Feuer zu bräunen, die Pfanne dann in den Ofen zu stellen und sie fünf Minuten lang garen zu lassen. Mit Salz bestäuben, mit etwas Butter und Pfeffer würzen und auf einem sehr heißen Teller servieren; oder mit brauner oder Tomatensauce servieren. Wenn sie über dem Feuer oder im Ofen gegart wurden, geben Sie einen Esslöffel Butter in die Pfanne, in der sie gegart wurden, fügen Sie einen Esslöffel Mehl, eine halbe Tasse Brühe und eine halbe Tasse passierte Tomaten hinzu. Beim Kochen einen Teelöffel Salz und eine Prise Pfeffer hinzufügen und über die Steaks gießen.

Cannelon

Ein Pfund zähes Fleisch zweimal durch den Fleischwolf geben, mit einem Teelöffel Salz, einer Prise Pfeffer und, wenn Sie möchten, etwas Selleriesamen oder gehackten Selleriespitzen würzen; Nehmen Sie dieses gehackte Fleisch in Ihre Hände und formen Sie daraus eine Rolle mit einem

Durchmesser von etwa 10 cm und einer Länge von 15 cm. Rollen Sie dies in ein Stück geöltes Papier, legen Sie es in eine Backform, backen Sie es 30 Minuten lang im Schnellofen und bestreichen Sie das Papier drei- oder viermal mit geschmolzener Butter. Wenn Sie fertig sind, entfernen Sie das Papier, verteilen Sie die Cannelons und gießen Sie sie über die normale Tomatensauce.

Brauner Eintopf

Schneiden Sie alle übrig gebliebenen Stücke ungekochten, zähen Fleisches in 2,5 cm große Würfel. Geben Sie ein paar Esslöffel Talg in einen Topf. Nach dem Ausgießen das Knistern entfernen. Die Fleischstücke mit einem Esslöffel Mehl bestäuben, in den heißen Talg geben und schütteln, bis sie braun sind. Ziehen Sie das Fleisch zur Seite und geben Sie einen zweiten Esslöffel Mehl zum Fett in der Pfanne. mischen, einen halben Liter Wasser oder Brühe hinzufügen, bis zum Kochen rühren, einen Teelöffel Salz, ein Lorbeerblatt, eine Zwiebelscheibe, einen Teelöffel Bräunung oder Küchenbouquet hinzufügen; Abdecken und leicht köcheln lassen, bis das Fleisch zart ist, etwa anderthalb Stunden. Die hier angegebenen Mengenangaben beziehen sich auf ein Pfund Rindfleisch. Dies kann pur, mit Reisrand oder mit Knödeln serviert werden. Für Knödel geben Sie einen halben Liter Mehl in eine Schüssel, fügen Sie einen Teelöffel Salz und einen Teelöffel Backpulver hinzu. Gründlich vermischen und so viel Milch hinzufügen, dass es gerade noch feucht ist; Geben Sie es löffelweise über den Eintopf, decken Sie den Topf ab und kochen Sie es zehn Minuten lang. Heben Sie den Deckel während der zehn Minuten nicht an, sonst fallen die Knödel herunter.

Rindfleisch-Timbale

Übrig gebliebene zähe Stücke mageres Rindfleisch fein hacken. Kochen Sie einen Moment passierte Tomaten und eine Tasse Semmelbrösel zusammen; Zum Fleisch geben, zu einer glatten Paste verreiben, mit einem viertel Teelöffel Selleriesamen, einem halben Teelöffel Salz und einer Prise Pfeffer würzen; vermischen und dann vorsichtig das gut geschlagene Eiweiß von zwei Eiern unterrühren; In Puddingbecher füllen, in einen Topf mit kochendem Wasser stellen und bei mittlerer Hitze zwanzig Minuten garen. Mit Tomatensauce servieren. Dieses Rezept ist für ein Pfund Rindfleisch.

RINDFLEISCH – GEKOCHT

Ragout

Schneiden Sie Stücke von kalt gekochtem oder gebratenem Rindfleisch in 2,5 cm große Würfel. Geben Sie zu jedem Liter davon zwei Esslöffel Butter, zwei Esslöffel Mehl und einen halben Liter Brühe. Butter und Mehl verreiben, die Brühe hinzufügen und rühren, bis es kocht. fügen Sie einen Esslöffel Zwiebelsaft, einen Teelöffel Bräunungs- oder Küchenbouquet, einen Teelöffel Salz, einen Esslöffel Tomatenketchup und einen Esslöffel gehackte Petersilie hinzu; das Fleisch hinzufügen; Stellen Sie sich über den hinteren Teil des Herdes, bis es vollständig heiß ist. Auf einer vorgewärmten Platte servieren, garniert mit dreieckigen gerösteten Brotstücken. Ein paar übrig gebliebene Oliven, Pilze oder sogar ein gehackter Trüffel können hinzugefügt werden.

Bresleau

Schneiden Sie so viel kaltes, gekochtes Fleisch, dass ein halbes Liter Fleisch entsteht, und würzen Sie es mit einem Teelöffel Salz und einem viertel Teelöffel Pfeffer. Geben Sie eine halbe Tasse Brühe oder Wasser, zwei Esslöffel Semmelbrösel und einen Esslöffel Butter über das Feuer. Wenn es heiß ist, fügen Sie das Fleisch hinzu; Vom Feuer nehmen und vorsichtig zwei gut geschlagene Eier unterrühren. Geben Sie dies in gefettete Puddingförmchen, stellen Sie sie in eine zur Hälfte mit kochendem Wasser gefüllte Backform und backen Sie sie fünfzehn bis zwanzig Minuten lang bei mittlerer Hitze. Mit Tomatensauce oder Béchamelsauce servieren.

Rinderkroketten

Hacken Sie ausreichend kalt gekochtes Rindfleisch, um ein halbes Liter Fleisch zu erhalten. Fügen Sie einen Teelöffel Salz, einen Teelöffel Zwiebelsaft, eine Prise Cayennepfeffer, einen viertel Teelöffel Pfeffer und eine geriebene Muskatnuss hinzu. Geben Sie einen halben Liter Milch über das Feuer. Einen Esslöffel Butter und zwei Esslöffel Mehl verreiben, in die heiße Milch geben und verrühren, bis eine glatte, dicke Paste entsteht. vom Feuer nehmen; Das Fleisch damit vermischen und abkühlen lassen. Nach dem Erkalten Kroketten formen. Schlagen Sie ein Ei auf, geben Sie einen Esslöffel warmes Wasser hinzu und schlagen Sie erneut. Tauchen Sie die Kroketten zunächst darin ein, wälzen Sie sie dann in Semmelbröseln und braten Sie sie in glühend heißem Fett an. Sie können pur oder mit Tomatensauce serviert werden.

Rindersteakpudding

Kalt gegartes Steak in etwa einen halben Zoll große Würfel schneiden. Zu jedem Pint davon einen halben Pint Milch, sechs Esslöffel Mehl, zwei Eier und zwei Esslöffel gehackten Talg geben. Das Mehl in eine Schüssel geben; Schlagen Sie die Eier, fügen Sie die Milch hinzu und fügen Sie dann nach und nach das Mehl hinzu. perfekt glatt machen. Bedecken Sie den Boden einer Auflaufform mit einer Schicht Teig, geben Sie die Steakstücke hinein, streuen Sie den gehackten Talg darüber, bestäuben Sie ihn mit Salz und Pfeffer und, wenn Sie möchten, mit ein paar Tropfen Zwiebelsaft. Geben Sie nun die restliche Menge des Teigs darüber und backen Sie den Teig in einem mäßig schnellen Ofen anderthalb Stunden lang.

Kartoffelknödel

Nehmen Sie beliebige Stücke von kalt gegartem Fleisch, hacken Sie diese fein und würzen Sie sie sorgfältig mit Salz, Pfeffer, gehackter Petersilie oder Sellerie. Geben Sie zu jedem Pint zwei Esslöffel geschmolzene Butter. Für die Kruste können Sie übrig gebliebenes kaltes Kartoffelpüree verwenden; Wenn ja, fügen Sie etwas Milch hinzu und rühren Sie alles über dem Feuer, bis es glatt und heiß ist. Wenn Kartoffeln zu diesem Zweck gekocht werden, fügen Sie Salz, Butter und Milch hinzu und schlagen Sie sie hell. Eine Auflaufform 2,5 cm tief auslegen, das Fleisch in die Mitte legen, die Oberseite mit Kartoffelpüree bedecken, glatt streichen, mit Milch bestreichen und bei mittlerer Hitze eine halbe Stunde backen.

Gobbits

Eine große Karotte und eine Rübe auskratzen und in feine Stücke schneiden. Diese in einen Topf geben, mit einem halben Liter Brühe bedecken und langsam kochen, bis das Gemüse weich ist. Bereiten Sie ausreichend kaltgegartes Rindfleisch vor, schneiden Sie es in 2,5 cm große Würfel, um einen Liter zu erhalten. zum Gemüse geben und einige Minuten köcheln lassen, bis das Fleisch heiß ist; Halten Sie auch eine Tasse Reis bereit, der 30 Minuten in klarem Wasser gekocht, abgetropft und getrocknet wurde. Ordnen Sie dies als Rand um das Fleischgericht an. Geben Sie zwei Esslöffel Butter und Mehl in einen Topf. mischen. Lassen Sie die Flüssigkeit vom Fleisch und Gemüse ab, die nun etwa einen halben Liter betragen sollte. Wenn nicht, fügen Sie so viel Brühe hinzu, dass ein Pint entsteht. Fügen Sie dies der Butter und dem Mehl hinzu und rühren Sie, bis es kocht. Das Fleisch und das Gemüse in der Mitte des Reisrandes anrichten . Nehmen Sie die Soße vom Feuer, fügen Sie einen Teelöffel Salz, eine Prise Pfeffer und das Eigelb von zwei Eiern hinzu. Kurz erhitzen, über die Fleischmischung abseihen, mit gehackter Petersilie bestäuben und sofort servieren.

Rindfleischkrapfen

Hacken Sie ausreichend kalt gekochtes Rindfleisch, um ein halbes Liter Fleisch zu erhalten. Fügen Sie einen Teelöffel Salz und einen viertel Teelöffel Pfeffer hinzu. Schlagen Sie zwei Eier, bis sie hell sind, und geben Sie einen halben Liter Wasser oder Brühe hinzu. Dazu eineinhalb Tassen Mehl einrühren , glatt rühren, einen Teelöffel Backpulver und das Fleisch dazugeben. Geben Sie dies löffelweise in rauchend heißes Fett. Etwa drei Minuten kochen, auf braunem Papier abtropfen lassen und entweder auf einer gefalteten Serviette oder in einer Schüssel mit Tomatensauce servieren.

Hackfleisch auf Toast

Nehmen Sie das Fleisch zwischen den Knochen eines Rippenbratens oder kleine Stückchen heraus, die für andere Gerichte nicht geeignet wären, hacken Sie sie fein und geben Sie zu jedem Pint einen Esslöffel Butter, einen Esslöffel Mehl und einen halben Pint Tomaten Aktie. Butter und Mehl vermischen, dann die passierten Tomaten oder die Brühe dazugeben; Wenn es kocht, fügen Sie das Fleisch und eine schmackhafte Würze aus Salz und Pfeffer hinzu. Lassen Sie die Mischung über heißem Wasser stehen, bis sie rauchend heiß ist, und servieren Sie sie auf gerösteten Brotstücken.

Barbecue mit kaltem Rindfleisch

Kalt gebratenes oder gekochtes Rindfleisch in dünne Scheiben schneiden. Geben Sie zwei Esslöffel Butter, zwei Esslöffel Ketchup und zwei Esslöffel Sherry in Ihren Topf. rühren, bis es heiß ist; Geben Sie die Rindfleischscheiben hinein, decken Sie den Topf ab, schütteln Sie ihn gelegentlich eine Minute lang, bis das Rindfleisch rauchend heiß ist, und servieren Sie es sofort auf den Tisch. Das ist außerordentlich gut zubereitet und wird auf einem Chafing Dish serviert. Dieses Gericht kann zubereitet werden, indem man den Sherry weglässt und einen Teelöffel Worcestershire-Sauce, einen Teelöffel Pilzketchup und zwei Esslöffel Brühe verwendet.

Salt Beef Hash Nr. 1

Kalt gekochtes Corned Beef lässt sich am besten zu Haschisch verarbeiten. Ausreichend zerkleinern, um ein Pint zu ergeben. Die gleiche Menge kalter Salzkartoffeln hacken; Mischen Sie beides, geben Sie es in einen Topf, fügen Sie einen halben Pint Brühe, einen Esslöffel Butter, einen Teelöffel Zwiebelsaft und einen viertel Teelöffel schwarzen oder weißen Pfeffer hinzu. Vorsichtig und ständig rühren, bis die Mischung den Siedepunkt erreicht. Sofort auf gebuttertem Toast servieren.

Salt Beef Hash Nr. 2

Hacken Sie so viel kalt gekochtes Corned Beef, dass ein Pint entsteht. die gleiche Menge kalter Salzkartoffeln hacken; Mischen Sie die beiden miteinander. Geben Sie sie in einen Schmortopf und fügen Sie einen halben Liter Brühe hinzu. kurz köcheln lassen; Vom Feuer nehmen, zwei gut geschlagene Eier und eine Prise Pfeffer hinzufügen; Geben Sie die Mischung in eine Auflaufform und backen Sie sie im Schnellofen zwanzig Minuten lang.

Rechauffee vom Rind

Übrig gebliebenes kaltes Rindfleisch in dünne Scheiben schneiden. Drei kalte Salzkartoffeln in Scheiben schneiden. Schälen Sie zwei Tomaten, schneiden Sie sie in zwei Hälften, drücken Sie die Kerne aus und schneiden Sie die Tomaten dann in kleine Stücke. Eine große Zwiebel hacken. Legen Sie eine Schicht Tomate auf den Boden einer Auflaufform, dann Rindfleisch, dann eine Gewürzmischung aus Zwiebeln, Salz und Pfeffer und, falls vorhanden, etwas gehackten Sellerie, dann Kartoffeln, dann wieder Tomaten, Rindfleisch und so weiter, bis Sie haben die Materialien verwendet, mit der letzten Schicht Tomaten. Die Oberseite mit Semmelbröseln bestäuben, ein paar Butterstückchen darüber geben und eine halbe Stunde in einem mäßig schnellen Ofen backen.

Steakpudding

Schneiden Sie alle kalten Steakreste in dünne Scheiben und schneiden Sie diese Scheiben in 2,5 cm lange Stücke. Geben Sie einen Liter Mehl in eine Schüssel und fügen Sie eine Tasse gehackten, ungekochten Talg hinzu. Talg und Mehl zusammen eine Minute lang zerkleinern, dann einen gestrichenen Teelöffel Salz, einen Salzlöffel schwarzen Pfeffer und ausreichend kaltes Wasser hinzufügen, um es gerade anzufeuchten. Nehmen Sie den Teig auf das Brett und rollen Sie ihn zu einem Blech aus. Machen Sie es etwas größer als eine gewöhnliche Kuchenform. Würzen Sie die Fleischstücke, legen Sie sie auf eine Hälfte des Blechs, legen Sie zwölf gute, fette Austern darauf und bestreichen Sie die untere Hälfte des Teigs mit Eiweiß oder Wasser. Falten Sie die andere Hälfte darüber und bohren Sie zwei oder drei Löcher in die Oberseite. Legen Sie es in ein Käsetuch und dämpfen Sie es zwei Stunden lang. Entfernen Sie das Tuch, bestreichen Sie den Pudding mit dem Eigelb und backen Sie ihn im Schnellofen eine halbe Stunde lang.

Panada vom Rind

Hacken Sie ausreichend kalt gekochtes Rindfleisch, um ein halbes Liter Fleisch zu erhalten. Mit einem Teelöffel Salz, einem Esslöffel gehackter Petersilie und einer Prise Pfeffer würzen. Geben Sie dies auf den Boden einer Auflaufform. Zerdrücken Sie sechs Uneeda- Kekse, gießen Sie einen halben Liter Milch darüber, lassen Sie sie ein oder zwei Minuten stehen, fügen Sie ein gut geschlagenes Ei, einen halben Teelöffel Salz und einen Salzlöffel Pfeffer hinzu. Gießen Sie dies über das Rindfleisch und backen Sie es bei mittlerer Hitze zwanzig Minuten bis eine halbe Stunde lang.

Rindfleisch kann durch andere Fleischsorten ersetzt werden.

HAMMEL – UNGEKOCHT

Harte rohe Hammelfleischstücke können zweimal durch den Fleischzerkleinerer gegeben und für Currybällchen oder zum Füllen von Tomaten oder Auberginen verwendet werden ; Tatsächlich in fast jeder Art und Weise, wie man ungekochtes Rindfleisch servieren würde. Da wir weniger ungekochte Lammfleischreste als Rindfleischstücke haben, sind wir weniger daran gewöhnt, dass sie verwendet werden.

Currybällchen

Schneiden Sie alle zähen, ungekochten Hammelfleischstücke zweimal durch den Fleischzerkleinerer; Das Fleisch mit Salz, Pfeffer und Zwiebelsaft würzen. Kleine Kugeln in der Größe einer englischen Walnuss formen. Geben Sie zwei Esslöffel Butter in einen Topf. Wenn sie heiß sind, werfen Sie die Kugeln in die Butter und schütteln Sie sie, bis sie vorsichtig gebräunt sind. Nehmen Sie sie aus dem Topf und geben Sie zur Butter in der Pfanne einen Teelöffel Curry und einen Esslöffel Mehl hinzu, vermischen Sie alles und fügen Sie einen halben Pint Brühe hinzu. Vorsichtig umrühren, bis es kocht; Gießen Sie dies über die Kugeln, kochen Sie es zwanzig Minuten lang langsam, fügen Sie zwei Esslöffel Zitronensaft hinzu und servieren Sie es in einem Reisrand. Anstelle der Brühe kann auch Kakaomilch verwendet werden.

HAMMEL – GEKOCHT

Während Hammelfleisch zu den roten Fleischsorten gehört, kann es bei sorgfältiger Zubereitung auf viele Arten verwendet werden, wie Sie auch Hühnchen oder Kalbfleisch verwenden würden. Kapern und Tomaten mit einem leichten Minzgeschmack passen besser zu Hammelfleisch als zu fast allen anderen Fleischsorten.

Bobotee

Hacken Sie ausreichend kalt gekochtes Hammelfleisch, um ein Pint zu erhalten. Geben Sie zwei Esslöffel Butter und eine in Scheiben geschnittene Zwiebel in einen Topf. rühren, bis die Zwiebel leicht braun ist; Fügen Sie dann einen halben Pint Brühe oder Milch und vier Esslöffel Semmelbrösel hinzu. Stellen Sie dies etwa fünf Minuten lang auf die Rückseite des Herdes, während Sie ein Dutzend Mandeln blanchieren und fein hacken. Diese zum Fleisch geben, dann einen Teelöffel Currypulver und einen Teelöffel Salz hinzufügen. Drei Eier hell schlagen, unter das Fleisch rühren und alles in den Topf geben. Reiben Sie den Boden der Auflaufform zuerst mit einer Knoblauchzehe ein, streuen Sie dann einen Esslöffel Zitronensaft darüber und geben Sie hier und da ein paar Butterstückchen hinein; Geben Sie die Mischung darauf und backen Sie sie im Schnellofen zwanzig Minuten lang. In der Auflaufform servieren, in der es gebacken wird, und mit einfachem gekochtem Reis servieren.

Boudins

Hacken Sie ausreichend kalt gekochtes Hammelfleisch, um ein Pint zu erhalten. Geben Sie eine halbe Tasse Brühe, zwei Esslöffel Semmelbrösel und einen Esslöffel Butter über das Feuer. Sobald es heiß ist, vom Feuer nehmen, das Fleisch und drei gut geschlagene Eier hinzufügen; einen Teelöffel Salz und eine Prise Pfeffer hinzufügen. Geben Sie die Mischung in gefettete Puddingförmchen, stellen Sie sie in eine zur Hälfte mit kochendem Wasser gefüllte Backform und garen Sie sie bei mittlerer Hitze fünfzehn bis zwanzig Minuten lang. Mit Béchamelsauce servieren. Der Boden der Tassen kann mit gehackten Pilzen, Kapern oder gehackten Trüffeln garniert oder dick mit gehackter Petersilie bestäubt werden.

Klopps

Hacken Sie so viel kaltgekochtes Hammelfleisch, dass ein Pint entsteht. fügen Sie einen halben Liter Semmelbrösel und ausreichend Eiweiß hinzu, um das Ganze zusammenzuhalten; Fügen Sie einen Teelöffel Salz und eine Prise weißen Pfeffer hinzu. Formen Sie Kugeln in der Größe englischer Walnüsse. in einen Kessel mit kochendem Wasser geben; Stellen Sie den Kessel auf eine Seite des Feuers, wo er unmöglich kochen kann, und kochen Sie die Klopps fünf oder sechs Minuten lang langsam. Wenn sie fertig sind, schwimmen sie an der Oberfläche. Heben Sie das Ganze an, lassen Sie es vorsichtig abtropfen, geben Sie es auf eine vorgewärmte Schüssel, gießen Sie es über die Sellerie-Sahne- oder Austern-Sahne-Sauce und servieren Sie die Erbsen und den gekochten Reis dazu.

Curry aus Hammelfleisch

Geben Sie zwei Esslöffel Butter und eine geschnittene Zwiebel in eine Pfanne. langsam kochen, bis die Zwiebel vollkommen zart ist; eine zerdrückte Knoblauchzehe, einen Teelöffel Currypulver und einen Teelöffel Kurkuma hinzufügen; Gründlich vermischen, einen halben Pint Brühe oder besser Kokosmilch hinzufügen ; Bis zum Kochen rühren, einen Liter kaltgekochtes, fein gehacktes Hammelfleisch hinzufügen; Gut erhitzen, einen Esslöffel Zitronensaft dazugeben und auf einmal auf eine mit gekochtem Reis garnierte Platte gießen.

Hammelfleisch mit Sardellen

Hacken Sie ausreichend kalt gekochtes Hammelfleisch, um ein Pint zu ergeben. Drei Sardellen fein pürieren. Geben Sie zwei Esslöffel Butter in einen Topf, fügen Sie eine geschnittene Zwiebel hinzu, kochen Sie, bis die Zwiebel weich und gelb ist, fügen Sie eine zerdrückte Knoblauchzehe hinzu, fügen Sie dazu die Sardellen und einen halben Pint Brühe hinzu; 15 Minuten leicht köcheln lassen und durch ein Sieb streichen. Fügen Sie einen Esslöffel Kapern, zwei oder drei angedrückte Minzblätter und das fein gehackte Hammelfleisch hinzu. Fünfzehn Minuten lang über kochendem Wasser erhitzen und auf gerösteten Brotstücken servieren. Dies kann pur serviert werden oder die Oberseite jedes Stücks kann mit einem sorgfältig pochierten Ei bedeckt werden.

Pilau

Schneiden Sie alle kalt gekochten Hammelstücke in Stücke. In einen Topf geben, mit Wasser bedecken, eine geriebene Zwiebel, ein Lorbeerblatt und zwei oder drei Kardamomsamen hinzufügen. Streuen Sie eine halbe Tasse sorgfältig gewaschenen Reis darüber. Den Wasserkocher abdecken und langsam köcheln lassen, bis der Reis weich ist. Das Hammelfleisch anrichten, den Reis darüber geben, das Ganze mit einer schön zubereiteten Tomatensauce bedecken und sofort an den Tisch servieren.

Hammelsalat

Alle kalt gebratenen oder gekochten Hammelfleischstücke können in Würfel geschnitten und für einen gewöhnlichen Hammelsalat verwendet werden. Ordnen Sie es zum Servieren ordentlich auf Salatblättern oder anderem zugänglichen Grün an. Mit Salz und Pfeffer würzen und mit Mayonnaise-Dressing und einem Esslöffel Kapern bedecken.

Wo Sellerie, Salat oder anderes frisches Gemüse nicht erhältlich ist, kann Spargel aus der Dose mit dem Hammelfleisch gemischt oder als Beilage dazu serviert werden; eine überaus angenehme Begleitung bieten. Wenn kein Spargel erhältlich ist, kann eine Dose Erbsen abgetropft, gewaschen, erneut abgetropft und dem Hammelfleisch hinzugefügt werden, bevor es mit dem Mayonnaise-Dressing vermischt wird, oder das Hammelfleisch kann mit Mayonnaise vermischt und in geschälte Tomaten gefüllt werden Die Zentren wurden ausgehöhlt. Jeweils auf ein kleines Nest aus Salatblättern oder auf ein Bündel Kresse stellen und die Oberseite mit Kapern garnieren.

Französischer Lammeintopf

1 Liter kalte Lamm- oder Hammelfleischreste, 1 Pint grüne Erbsen, 1 Liter Wasser, 3 Stengel Minze, 1 Teelöffel Zwiebelsaft, 1 Teelöffel Salz, 1 Salzlöffel Pfeffer

Das Lammfleisch, Wasser und alle Gewürze in einen Topf geben. Schälen und waschen Sie die Erbsen, geben Sie sie darüber, decken Sie die Pfanne ab und bringen Sie sie schnell zum Kochen, heben Sie den Deckel an und kochen Sie sie zwanzig Minuten lang schnell, bis die Erbsen weich sind. Butter und Mehl verreiben, vorsichtig unter den Eintopf rühren, nochmals zum Sieden bringen und servieren.

Lammeintopf mit Tomaten

Befolgen Sie das vorherige Rezept und verwenden Sie einen Liter passierte Tomaten anstelle eines Liters Wasser.

HUHN – UNGEKOCHT

Wenn Sie ein Huhn für Timbale kaufen, wählen Sie ein großes, aber kein altes Huhn. Nachdem das Huhn gezogen wurde, entfernen Sie das weiße Fleisch, das ungekocht für Timbales verwendet wird. Das dunkle Fleisch kann sofort gekocht und für Boudins, Kroketten, Salat, Cecils , Haschisch verwendet oder auf Toast mit Bordelaise-Sauce serviert oder am nächsten Tag in einem Chafing Dish verwendet werden. Oder wenn Sie es lieber roh verwenden möchten, schneiden Sie die Keulen aus und verwenden Sie die Knochen für die Suppe.

Timbale

Das ungegarte weiße Fleisch eines Huhns fein hacken; Dies sollte ein halbes Pfund wiegen. Reiben Sie es dann mit der Rückseite eines Holzlöffels gegen den Rand einer Schüssel, bis es vollkommen glatt ist. Stellen Sie eine Tasse Weißbrotkrümel und eine halbe Tasse Milch über das Feuer. rühren, bis es kocht; Wenn es kalt ist, reiben Sie es gründlich mit dem Fleisch ein und drücken Sie es durch ein gewöhnliches Mehlsieb. Das gut geschlagene Eiweiß von fünf Eiern vorsichtig unterrühren, einen Teelöffel Salz und eine Prise weißen Pfeffer hinzufügen; In gefettete Timbale-Becher füllen, in eine Backform mit kochendem Wasser stellen, mit Ölpapier abdecken und im mäßigen Ofen fünfzehn bis zwanzig Minuten backen. Der Boden der Tassen kann mit gehacktem Trüffel, gehackten Pilzen, gehackter Petersilie oder gut gekochten grünen Erbsen garniert werden. Zu den Timbales entweder eine einfache Sahnesauce oder eine Champignon-Sahnesauce servieren. Erbsen sind die übliche Beilage.

Oder die Timbale-Formen können mit dieser Mischung ausgekleidet und die Mitte mit Rahmpilzen gefüllt werden; Geben Sie so viel von der Timbale-Mischung darüber, dass die Füllung darin bleibt. Anschließend werden sie wie gewohnt gekocht und serviert.

Teufelshähnchenschenkel

Entfernen Sie vorsichtig die Knochen von den Beinen eines ungekochten Hähnchens. Zu einer halben Tasse Semmelbrösel fügen Sie zwölf gehackte Mandeln, zwei Esslöffel geröstete Pinienkerne, einen Esslöffel Petersilie, einen halben Teelöffel Salz und eine Prise Cayennepfeffer hinzu; Mit zwei Esslöffeln Butter befeuchten. Füllen Sie dies in die Lücken, aus denen Sie die Knochen entnommen haben, und binden Sie die Beine oben und unten zusammen, damit die Füllung darin bleibt. Legen Sie die Knochen des Hühnerkadavers in den Suppenkessel, bedecken Sie ihn mit kaltem Wasser und legen Sie die Keulen auf die Knochen, wenn das Wasser den Siedepunkt erreicht hat, und kochen Sie das Ganze zwei Stunden lang ununterbrochen.

Sie können heiß mit Soße serviert werden oder kalt, in dünne Scheiben geschnitten und mit Aspik garniert.

Englische Hühnerbällchen

Das vom Timbales übrig gebliebene dunkle Fleisch fein hacken, eine halbe Dose fein gehackte Pilze, einen Teelöffel Salz, einen halben Teelöffel Pfeffer, einen Esslöffel gehackte Petersilie, ein Dutzend blanchierte und fein gehackte Mandeln und ein rohes Ei hinzufügen; Gründlich vermischen und zu Kugeln in der Größe einer englischen Walnuss formen. Diese auf dem Boden eines Topfes verteilen, mit Brühe bedecken, ein Lorbeerblatt, eine Zwiebelscheibe und eine Karotte hinzufügen. langsam eine halbe bis dreiviertel Stunde kochen lassen; abgießen, dabei die Brühe aufbewahren. Legen Sie die Bällchen in die Mitte einer Platte und legen Sie eine Reihe Kartoffelkugeln um den Rand herum, außerhalb der kleinen Toastdreiecke . Einen Esslöffel Butter und einen Esslöffel Mehl in einen Topf geben; vermischen, einen halben Liter Brühe hinzufügen, in der die Kugeln gekocht wurden, rühren, bis es kocht, vom Feuer nehmen, das Eigelb eines mit zwei Esslöffeln Sahne geschlagenen Eies dazugeben; einen halben Teelöffel Salz und eine Prise Pfeffer hinzufügen; Über die Kugeln abseihen und servieren.

HUHN – GEKOCHT

Die Reste von kaltem Hähnchen oder Truthahn können genauso verwendet oder zu Kroketten verarbeitet werden, wobei die gleichen Regeln wie für Rinderkroketten gelten. Mit einer Beilage von Sellerie-Mayonnaise oder Tomaten-Mayonnaise ergeben sie ein äußerst gutes Mittagsgericht. Für eine Abendunterhaltung können sie einfach mit gekochten Erbsen garniert werden. Fleischkroketten werden normalerweise in Pyramidenform hergestellt; sie können jedoch zu Zylindern verarbeitet werden. Auch Hähnchen- oder Putenbrühen schmecken hervorragend.

Rahm-Hasch auf Toast

Dies ist eines der leckersten aller aufgewärmten Hühnchengerichte. Das Huhn fein hacken und zu jedem Pint einen Esslöffel Butter, einen Esslöffel Mehl und einen halben Pint Milch geben. Butter und Mehl verreiben, Milch hinzufügen, über dem Feuer rühren, bis es kocht, das Fleisch mit einem Teelöffel Salz und einer Prise Pfeffer würzen, zur Milchsoße geben und fünfzehn Minuten lang über heißem Wasser rühren. Der Geschmack kann durch Zugabe von drei oder vier gehackten Pilzen oder, falls vorhanden, einem gehackten Trüffel verändert werden; aber es ist außerordentlich gut schlicht. Geben Sie dies auf schön geröstete Brotstücke und servieren Sie es sofort, oder garnieren Sie die Oberfläche mit sorgfältig pochierten Eiern.

Kasserolle

Eine halbe Tasse Reis waschen; Werfen Sie es in kochendes Wasser, kochen Sie es zwanzig Minuten lang, lassen Sie es abtropfen, fügen Sie eine halbe Tasse Milch, einen Esslöffel Butter, einen gestrichenen Teelöffel Salz und einen viertel Teelöffel Pfeffer hinzu; rühren, bis eine ziemlich glatte, dicke Paste entsteht. Puddingbecher bestreichen und 2,5 cm tief mit dieser Reismischung auskleiden; Machen Sie eine einfache Milchsauce wie im vorherigen Rezept und fügen Sie einen halben Liter gewürztes Hühnchen hinzu. Füllen Sie den Raum in den Reisbechern mit dieser Sahnemischung, bedecken Sie sie mit Reis, stellen Sie die Becher in einen Topf mit kochendem Wasser und backen Sie sie zwanzig bis fünfundzwanzig Minuten lang bei mittlerer Hitze. Diese vorsichtig auf einem vorgewärmten Teller wenden, mit Sahnesoße übergießen und servieren. Sie können mit grünen Erbsen, Pilzen oder Trüffeln garniert werden. Obwohl es sich um ein äußerst preiswertes Gericht handelt, ist es gleichzeitig elegant.

Indisches Haschisch

Schneiden Sie kalt gebratene Ente, Hühnchen oder Truthahn so fein, dass ein Pint entsteht. Schneiden Sie eine große Zwiebel in sehr dünne Scheiben. Einen Apfel schälen, entkernen und fein hacken. Geben Sie zwei Esslöffel

Butter in einen Topf, fügen Sie den Apfel und die Zwiebel hinzu; schwenken, bis es braun ist, dann nicht mehr als einen Achtel Teelöffel pulverisierte Muskatblüte, einen halben Teelöffel Salz, einen Teelöffel Currypulver, einen Esslöffel Mehl und einen Teelöffel Zucker hinzufügen; vermischen und einen halben Pint Brühe oder Wasser hinzufügen; Fügen Sie nun das Fleisch hinzu, rühren Sie es ständig um, bis es rauchend heiß ist, und stellen Sie es dann zwanzig Minuten lang dicht abgedeckt über heißes Wasser. Fügen Sie zwei Esslöffel Zitronensaft hinzu und servieren Sie es auf einem Reisrand.

Mock Terrapin oder à la Newburg

Für die Zubereitung von Sumpfschildkröten oder à la Newburg können kalt gebratene Hähnchen-, Puten- oder Entenstücke verwendet werden. Schneiden Sie das Fleisch in ziemlich große Stücke; Messen Sie ab und geben Sie zu jedem Pint davon einen halben Pint Soße hinzu. Verreiben Sie zwei Esslöffel Butter und einen Esslöffel Mehl. Das hartgekochte Eigelb von drei Eiern zu einer glatten Paste verreiben ; Fügen Sie der Butter und dem Mehl eineinhalb (eine dreiviertel Tasse) Milch hinzu; rühren, bis es rauchend heiß ist. Lassen Sie die Mischung nicht kochen; Geben Sie dies dann nach und nach zum Eigelb und verreiben Sie es, bis eine vollkommen glatte, goldene Soße entsteht. Drücken Sie dies durch ein Sieb. Bevor Sie mit der Sauce beginnen, bestreuen Sie das Huhn mit vier Esslöffeln Sherry oder Madeira, letzteres ist zu bevorzugen. Das Hühnchen in die Soße geben und umrühren, bis jedes Stück vollständig bedeckt ist. fügen Sie einen halben Teelöffel Salz, nur einen Tropfen Muskatnussextrakt oder eine geriebene Muskatnuss und einen Achtellöffel weißen Pfeffer hinzu (schwarzer Pfeffer geht natürlich auch); abdecken und über heißem Wasser stehen lassen, dabei gelegentlich umrühren, bis die Mischung rauchend heiß ist.

Chicken Supréme

Dies kann entweder aus in Würfel geschnittenem Huhn oder Truthahn erfolgen; fügen Sie eine gleiche Menge Dosenpilze hinzu; Fügen Sie beispielsweise zu einem Pint kaltem Hühnchen eine Dose Pilze hinzu. Geben Sie zwei Esslöffel Butter und zwei Esslöffel Mehl in einen Topf. mischen, ohne zu bräunen, dann zwei Tassen (ein Pint) Hühnerbrühe hinzufügen; Ständig rühren, bis es kocht, zwei Esslöffel dicke Sahne und das Eigelb von vier Eiern hinzufügen; Abseihen, Hühnchen und Pilze, einen gestrichenen Teelöffel Salz, einen viertel Teelöffel weißen Pfeffer, zehn Tropfen Sellerieextrakt oder nur ein wenig Selleriesamen hinzufügen. Stellen Sie diese Mischung über heißes Wasser und beobachten Sie sorgfältig, bis sie vollständig erhitzt ist. Denken Sie daran, dass das Ei beim Kochen gerinnt. Servieren Sie es auf einem erhitzten Teller, entweder mit einem Rand aus Reis oder garniert mit gerösteten Brotstücken. Diese Mischung wird auch in Brotpasteten oder in Hühnchen-Muffinförmchen serviert.

Hähnchenschnitzel

Kalt gekochtes Hähnchen oder Truthahn sehr fein hacken; Geben Sie zu jedem Pint eine halbe Dose fein gehackte Pilze. Einen Esslöffel Butter und zwei Esslöffel Mehl in einen Topf geben, vermischen und einen halben Pint Hühnerbrühe hinzufügen. Wenn es glatt und dick ist, nehmen Sie es vom Feuer und fügen Sie das Eigelb von zwei Eiern, das Huhn und die Pilze, einen Teelöffel Salz, einen viertel Teelöffel Pfeffer, einen Teelöffel Zwiebelsaft, eine geriebene Muskatnuss und einen Esslöffel gehackte Petersilie hinzu. Einen Moment über dem Feuer rühren; abkühlen lassen; Nach dem Erkalten zu Schnitzelkroketten formen, in Ei und Semmelbröseln tauchen und in glühend heißem Fett braten. Diese können pur mit Erbsengarnitur oder mit Béchamelsauce serviert werden.

Ente Bordelaise

Portionen kalte Ente können in praktische Stücke geschnitten, mit Wein beträufelt werden, etwa vier Esslöffel pro Pint, und stehen gelassen, während Sie die Bordelaise-Sauce zubereiten. Einen Esslöffel Butter und einen Esslöffel Mehl in einen Topf geben; mischen, einen Teelöffel Bräunungs- oder Küchenbouquet und einen halben Pint Brühe hinzufügen; rühren, bis es kocht, einen Esslöffel geriebene Zwiebeln, einen halben Teelöffel Salz, eine Prise Pfeffer und, falls vorhanden, einen Esslöffel fein gehackten Schinken hinzufügen; fünf Minuten kochen und abseihen; Fügen Sie drei oder vier frische Pilze oder ein halbes Dutzend Dosenpilze und die Ente hinzu. Über kochendem Wasser stehen lassen, bis die Mischung vollständig erhitzt ist. Mit gerösteten Brotdreiecken garniert an den Tisch servieren. Anstelle der Pilze kann man auch ein paar entkernte oder geschnittene Oliven hinzufügen und schon erhält man Entensalmi.

SPIEL

Kalt gegrillte oder gebratene Wildbretstücke können sehr fein gehackt und entweder in einer Schüssel oder einem Mörser zu einer glatten Paste verrieben werden. Zu jedem halben Pint dieser Mischung geben Sie zwei Esslöffel braune Soße, die gründlich mit dem Wild eingerieben wurde, und das ungeschlagene Eiweiß eines Eies; Drücken Sie die gesamte Mischung durch ein gewöhnliches Mehlsieb. Dann das gut geschlagene Eiweiß von zwei Eiern, vier fast zu Pulver zerkleinerte Pilze und eine Würzmischung aus Salz und Pfeffer unterrühren. Füllen Sie dies in kleine gefettete Förmchen oder Tassen; Die Tassen können mit gehacktem Trüffel oder Pilzen garniert oder pur serviert werden. Die Mischung einfüllen, die Tassen in eine zur Hälfte mit kochendem Wasser gefüllte Backform stellen; 20 Minuten bei mittlerer Hitze garen. Dafür eignen sich die kleinen bombenförmigen Formen besser. Mit brauner Soße, entweder pur oder mit Pilzen gewürzt, servieren.

BROT

Der bessere Weg ist, für jede Mahlzeit gerade so viel Brot zu schneiden, dass wirklich keine Reste übrig bleiben. Sollten dennoch versehentlich ein paar Scheiben übrig bleiben, legen Sie diese in einer Dose oder einem Glas beiseite, niemals in den normalen Brotkasten zum Brot; Ein oder zwei Scheiben werden unweigerlich fehlen, bis sie alt genug sind, um die restliche Brotmenge in der Kiste zu schimmeln und zu verunreinigen, und dann ist es auch wahrscheinlicher, dass sie sich auf diese Weise ansammeln als in einer separaten Kiste. Die saubereren Stücke können als Toast zum Frühstück, Mittag- oder Abendessen verwendet werden. Die nächstbesten Stücke werden für Brot- und Buttercreme verwendet ; Die Krusten werden getrocknet, aufgerollt und beiseite gelegt, damit sie für das Frittieren von Panierstücken oder für überbackene Gerichte bereit sind. Auf diese Weise wird jedes Stück, unabhängig von seinem Zustand, genutzt.

Brot- und Buttercreme

Schlagen Sie zwei Eier, ohne sie zu trennen, bis sie hell sind, fügen Sie vier Esslöffel Zucker und einen halben Liter Milch hinzu, verrühren Sie und fügen Sie eine geriebene Muskatnuss hinzu; In eine gewöhnliche Auflaufform verwandeln, die Oberseite mit Butterbrot bedecken, mit der Butterseite nach oben; Backen Sie es bei mittlerer Hitze wie eine Tasse Vanillesoße, bis Sie einen Löffelstiel in die Mitte der Vanillesoße stecken können und diese ohne Milch herauskommt.

Kleine Puddings à la Grand Belle

Alte Brotscheiben zu feinen Krümeln rollen. Bestreichen Sie kleine Puddingförmchen oder eine Randform mit zerlassener Butter und streuen Sie ein paar Johannisbeeren oder Rosinen oder andere übriggebliebene Früchte darüber. Füllen Sie die Tassen mit Krümeln. Drei Eier schlagen, ohne sie zu trennen, bis sie hell sind; Fügen Sie drei Esslöffel Zucker, einen Teelöffel Vanille und einen halben Liter Milch hinzu. Gießen Sie dies vorsichtig über die Semmelbrösel und lassen Sie es etwa fünf Minuten lang stehen, bis die Mischung aufgesaugt und die Semmelbrösel weich sind. Dann in einen Topf mit kochendem Wasser stellen, mit Ölpapier abdecken und eine halbe Stunde im Ofen garen. Herausnehmen und heiß mit Eiersauce servieren.

Brotkroketten

Reiben Sie so viel altbackenes Brot ein, dass ein Liter Krümel entsteht. Fügen Sie vier Esslöffel Zucker, eine halbe Tasse gereinigte Johannisbeeren oder übriggebliebene Früchte und eine geriebene Muskatnuss hinzu. Streuen Sie einen Teelöffel Vanille darüber und fügen Sie ausreichend geschlagene Eier (etwa drei) hinzu, um die Krümel zu befeuchten. Kleine zylinderförmige Kroketten formen, in Ei tauchen, in Semmelbröseln wälzen und in rauchend heißem Fett frittieren. Heiß mit Zuckersauce servieren.

Brotmuffins

Bedecken Sie einen Liter zerbrochenes Brot mit einem halben Liter Milch. 15 Minuten einweichen, dann mit einem Löffel schlagen, bis eine glatte Paste entsteht; Fügen Sie das Eigelb von drei Eiern, einen Esslöffel geschmolzene Butter und eine Tasse Mehl hinzu, das mit einem gehäuften Teelöffel Backpulver gesiebt wurde. Das gut geschlagene Eiweiß vorsichtig unterheben und in Muffinformen im Schnellofen etwa zwanzig Minuten backen.

Vom Frühstück übrig gebliebene Muffins können auseinandergenommen und zum Mittag- oder Abendessen getoastet werden. Stücke altbackener Biskuitkuchen, eigentlich kann jeder altbackene Kuchen für Kabinettpudding, Sahnepudding oder Kroketten verwendet werden.

EIER

Die weich gekochten Eier, die vom Frühstück übrig bleiben, werden sofort hart gekocht, in den Kühlschrank gestellt und wenn sich vier angesammelt haben, können Sie sie für Beauregard-Eier, Gerichte à la Newburg oder Beilagen verwenden. Übrig gebliebene pochierte Eier können sofort in kochendes Wasser gegeben werden, langsam gekocht werden, bis sie vollkommen hart sind, und zum Zerkleinern beiseite gelegt werden, um sie als Beilage für ein Curry oder ein Gemüsegericht zu verwenden, mit dem sie gut harmonieren.

Ein oder zwei Esslöffel gedünstete Tomaten, die vom Abendessen in der Schüssel übrig geblieben sind, werden beiseite gelegt, um sie für ein Tomatenomelett zu verwenden, oder sie können zur Bratensoße zum Abendessen hinzugefügt werden, wodurch eine einfache, heimelige Soße in eine mit besserem Geschmack umgewandelt wird. Die halbe Tasse Erbsen kann zur morgigen Brühe hinzugefügt oder als Beilage für das Frühstückomelett verwendet werden. Die grünen Selleriestücke werden zum Schmoren beiseite gelegt; der zarte weiße Teil zum rohen Servieren; während die Blätter und Wurzeln zum Würzen von Suppen und Soßen verwendet werden.

Das übrig gebliebene Eigelb wird, wenn man es in eine Tasse oder Untertasse gibt, in weniger als zwei Stunden hart, trocken und unbrauchbar. Das gleiche Eigelb, das in eine zur Hälfte mit kaltem Wasser gefüllte Tasse gegeben wird, ist mehrere Tage haltbar und kann für Mayonnaise verwendet oder einer Soße hinzugefügt werden. Bei Bedarf kann es vorsichtig mit einem Löffel herausgehoben und wie ein frisches Eigelb verwendet werden.

Eiweiß aus Eiern

Das Eigelb lässt sich ganz einfach entsorgen, da für Saucen häufig das Eigelb von einem oder zwei Eiern benötigt wird. Dann können sie für Mayonnaise-Dressing verwendet oder zu verschiedenen Gerichten hinzugefügt werden. Das Eiweiß der Eier sammelt sich jedoch an. Eine Möglichkeit, hartgekochtes Eigelb zu erhalten, ohne das Eiweiß zu verschwenden, besteht darin, das Eiweiß vom Eigelb zu trennen, bevor das Ei gekocht wird. Lassen Sie das Eigelb in einen Kessel mit kochendem Wasser fallen. Dann stehen Sie fünfzehn oder zwanzig Minuten lang auf dem hinteren Teil des Ofens, bis es hart ist. Das Eigelb gart auf diese Weise genauso gut wie das Eiweiß in der Schale. Jetzt haben Sie die ungekochten Weißweine, die für einen einfachen weißen Kuchen, Apfelmus, Soufflés, pur oder mit Früchten verwendet werden können.

Beauregard-Eier

Trennen Sie das Eiweiß und das Eigelb von fünf hartgekochten Eiern, drücken Sie sie durch eine gewöhnliche Obstpresse oder hacken Sie sie sehr fein. Machen Sie einen halben Pint Sahnesauce; Beim Kochen das Eiweiß hinzufügen. Legen Sie auf einer vorgewärmten Platte fünf Quadrate geröstetes Brot bereit. Die weiße Soße über diese Quadrate häufen, die Oberseite mit dem Eigelb bestäuben, dann mit etwas Salz und Pfeffer bestreuen und sofort auf den Tisch servieren.

Eierkroketten

Geben Sie fünf hartgekochte Eier durch eine Gemüsepresse oder einen Zerkleinerer. Geben Sie einen Esslöffel Butter und zwei Esslöffel Mehl in einen Topf, fügen Sie einen halben Liter Milch hinzu, rühren Sie, bis es kocht, fügen Sie eine halbe Tasse altbackene, ungebräunte Semmelbrösel, einen Teelöffel Salz, einen Esslöffel gehackte Petersilie und eine Prise Pfeffer hinzu und ein halber Teelöffel Zwiebelsaft; Die Eier dazugeben, verrühren und abkühlen lassen. Nach dem Erkalten Schnitzel formen, in Ei und dann in Semmelbröseln tauchen und in rauchend heißem Fett braten. Mit einfacher Sahnesauce servieren. Diese mit Erbsen ergeben ein überaus schönes Mittagsgericht.

Goldkuchen

Oft bleiben noch vier oder fünf Eigelb übrig, nachdem man das Eiweiß für ein leichtes Gericht verwendet hat, beispielsweise für eine Charlotte-Mischung. Schlagen Sie eine halbe Tasse Butter zu einer Creme und fügen Sie nach und nach eine Tasse Zucker hinzu. Wenn es sehr, sehr hell ist, fügen Sie das Eigelb hinzu und schlagen Sie es zehn bis fünfzehn Minuten lang. Fügen Sie dann eine Tasse Wasser und zweieinhalb Tassen Mehl hinzu, gesiebt mit drei gestrichenen Teelöffeln Backpulver. Gut verrühren und in einer kleinen runden oder quadratischen Form backen.

Deutscher Krautsalat

Dazu werden das Eigelb von zwei Eiern und eventuell übrig gebliebene saure Sahne verwendet. Den Kohl zerkleinern und in kaltem Wasser einweichen, dabei das Wasser ein- oder zweimal wechseln. Wenn es knusprig ist, wringen Sie es in einem Handtuch vollkommen trocken aus. Schlagen Sie das Eigelb von zwei Eiern auf, fügen Sie eine halbe Tasse Sauerrahm und vier Esslöffel Essig hinzu; Rühren Sie dies über dem Feuer, bis es eindickt. Vom Feuer nehmen, einen halben Teelöffel Salz und eine Prise Pfeffer hinzufügen; Mischen Sie es mit dem Kohl und geben Sie es in die Servierschüssel. Diese Menge Dressing reicht völlig für etwa einen Liter Kohl.

Apfelschnee

Bei der Zubereitung von Sauce Hollandaise oder Mayonnaise bleibt immer eine große Menge Weißwein übrig. Diese können zu verschiedenen Schwämmen verarbeitet oder für Fruchtschnee verwendet werden. Das Eiweiß von vier oder fünf Eiern hell schlagen, dann zwei gestrichene Esslöffel gesiebten Puderzucker zum Eiweiß jedes Eies geben und schlagen, bis es trocken und glänzend ist. Reiben Sie diesen einen säuerlichen Apfel hinein, falten Sie ihn schnell zusammen, lassen Sie ihn auf einer kleinen Schüssel mit guter Milch oder Sahne schwimmen und schicken Sie ihn sofort an den Tisch. Wenn Sie ein oder zwei kleine, altbackene Kuchen oder ein Stückchen Biskuitkuchen haben, reiben Sie ihn, reiben Sie ihn, bestäuben Sie die Oberseite, und wenn Sie nur ein wenig Gelee haben, können Sie es hier und da mit Gelee betupfen . Dies muss kurz vor dem Abendessen erfolgen, sonst verliert der Apfel seine Farbe. Anstelle des Apfels können geriebene Birnen, zwei oder drei durch ein Sieb gepresste Pfirsiche oder eine oder zwei weiche Bananen geschlagen und verwendet werden.

KARTOFFELN

Kalte Ofenkartoffeln werden sofort in gefüllte Kartoffeln umgewandelt und zum Aufwärmen beiseite gestellt. Zwei kalt gekochte Kartoffeln ergeben ein köstliches Gericht aus gerösteten, gebräunten Kartoffeln oder können mit Sahnesoße oder überbacken serviert werden.

Gefüllte Kartoffeln

Übrig gebliebene Ofenkartoffeln müssen zu gefüllten Kartoffeln verarbeitet werden, bevor sie schwer und kalt sind. Schneiden Sie die Kartoffeln am Ende der Mahlzeit, bei der sie zum ersten Mal serviert wurden, direkt in zwei Hälften, löffeln Sie das Innere heraus, geben Sie es durch eine gewöhnliche Gemüsepresse oder zerdrücken Sie es fein. etwas Butter, Salz, Pfeffer und ausreichend Milch hinzufügen, um eine leichte Masse zu erhalten; Stellen Sie dies über heißes Wasser und schlagen Sie es, bis es leicht und glatt ist. Geben Sie es wieder in die Schalen und stellen Sie sie an einen kalten Ort. Wenn Sie zum Servieren bereit sind, bestreichen Sie die Oberseite mit geschlagenem Ei und lassen Sie sie im Schnellofen heiß und goldbraun backen.

Kartoffelkroketten

Kaltes Kartoffelpüree kann zu Kroketten verarbeitet werden, indem man zu jedem Pint vier Esslöffel erhitzte Milch, das Eigelb von zwei Eiern, einen Esslöffel gehackte Petersilie, einen Teelöffel geriebene Zwiebeln und einen viertel Teelöffel Pfeffer hinzufügt. über dem Feuer rühren, bis die Mischung vollständig erhitzt ist; Zu zylinderförmigen Kroketten formen, in Ei und Semmelbröseln tauchen und in rauchend heißem Fett anbraten. Kartoffelkroketten sind schwieriger zu braten als Fleischkroketten; Das Fett muss mindestens 365 Grad (Fahr .) betragen und das Ausrollen muss sorgfältig erfolgen.

Kartoffelpüree

Bei der obigen Mischung kann das Eiweiß geschlagen und untergerührt und im Ofen gebacken werden; In der gleichen Form servieren, in der es gebacken wurde.

Kartoffelrosen zum Garnieren

Bei kalten Salzkartoffeln kann es sein, dass genügend Milch hinzugefügt wurde, um eine weiche Paste zu ergeben; über dem Feuer rühren, bis eine glatte Masse entsteht; Geben Sie es mithilfe einer Sternröhre in Ihren Spritzbeutel. Halten Sie den Beutel fest und drücken Sie auf gefettetem Papier diese kleinen Kartoffelrosen aus. im Ofen anbraten und zum Garnieren von Fischgerichten verwenden.

Kartoffelpudding

Rühren Sie zwei Tassen kaltes Kartoffelpüree mit vier Esslöffeln Milch über dem Feuer, bis es warm und leicht ist. Vom Feuer nehmen und drei leicht geschlagene Eier mit vier Esslöffeln Zucker hinzufügen. Fügen Sie einen Teelöffel Vanille hinzu und rühren Sie vorsichtig eineinhalb Liter Milch unter. Geben Sie diese Mischung in gefettete Puddingbecher. Stellen Sie es in eine Backform mit kochendem Wasser und backen Sie es bei mittlerer Hitze etwa zwanzig bis dreißig Minuten lang, bis es fest ist.

Wenn etwas gekochtes Fleisch und gleichzeitig Kartoffelpüree übrig bleiben, kann das Fleisch mit einer herzhaften Soße gewürzt, in eine Auflaufform gegeben, das Kartoffelpüree mit heißer Milch leicht verdünnt und dann leicht mit Mehl eingedickt werden. und als Kruste verwendet. Daraus entsteht das, was wir Kartoffelkuchen nennen. Vier Esslöffel Milch und vier Esslöffel Mehl wären eine gute Zugabe zu jeder Tasse Kartoffelpüree.

KARTOFFELN – KALT GEKOCHT

Gehackte braune Kartoffeln

Zwei kalte Salzkartoffeln ziemlich fein schneiden, mit Salz und Pfeffer würzen. Geben Sie einen Esslöffel Butter in eine gewöhnliche Bratpfanne. Sobald die Kartoffeln heiß sind, geben Sie sie hinein, glätten Sie sie und tupfen Sie sie ab; Stellen Sie sie auf ein mäßiges Feuer und lassen Sie sie mindestens acht Minuten lang ungestört kochen. Dann falten Sie mit einem geschmeidigen Messer eine Hälfte wie bei einem Omelett. Stehen Sie erneut etwa drei Minuten lang über dem Feuer und wenden Sie es sofort auf eine erhitzte Schüssel. Diese sind äußerst schwierig herzustellen. Anweisungen müssen sorgfältig befolgt werden; Die Butter muss heiß sein, wenn Sie die Kartoffeln hineingeben. Das Ganze muss fest verpackt sein, damit es beim Herausdrehen nicht bricht.

O'Brien-Kartoffeln

Eine grüne Paprika ziemlich fein hacken. Hacken Sie ausreichend rote Paprika, um zwei Esslöffel zu erhalten. Geben Sie zwei Esslöffel Butter in eine Bratpfanne und fügen Sie die Paprikaschoten hinzu, die süß sein müssen. Schütteln, bis die Paprikaschoten weich sind, darüber vier kalte, ziemlich fein gehackte Salzkartoffeln bedecken, die mit einem Teelöffel Salz und einer Prise Pfeffer gewürzt sind. Drücken Sie sie wie zerkleinerte braune Kartoffeln nach unten, lassen Sie sie einen Moment stehen, rühren Sie sie um, vermischen Sie sie gut, ohne sie zu zerbrechen, und drücken Sie sie erneut nach unten. Lassen Sie diese braun stehen, falten Sie sie wie ein Omelett und legen Sie sie auf eine vorgewärmte Platte.

Kartoffelgratin

Geben Sie zu vier großen, fein gehackten kalten Kartoffeln einen halben Liter Sahnesauce, zu der Sie vier Esslöffel geriebenen Käse hinzugefügt haben. Die Kartoffeln mit der Soße vermischen, in eine Auflaufform füllen, mit Käse bestäuben und kurz im Ofen anbraten.

Überbackene Kartoffeln

Kalte Salzkartoffeln in Würfel schneiden; zu jedem Pint ein halbes Pint Sahnesauce geben. Geben Sie eine Schicht Soße auf den Boden einer Auflaufform, geben Sie die Kartoffeln hinein, würzen Sie sie mit Salz und Pfeffer, bedecken Sie sie mit einer weiteren Schicht Sahnesoße, bestäuben Sie die Oberseite mit Semmelbröseln, verteilen Sie hier und da kleine Butterstückchen und … im mittleren Ofen backen, bis es goldbraun ist.

Kartoffeln in Milch

Kalte Salzkartoffeln können in Scheiben geschnitten und in einem Wasserbad in Milch gekocht werden, bis das Ganze vollständig erhitzt ist. Mit Salz und Pfeffer würzen und servieren.

Süßkartoffeln

Kalt gekochte oder geröstete Süßkartoffeln können im warmen Zustand zerstampft, mit Salz, Pfeffer und Butter gewürzt und sofort zu Kroketten geformt werden; wie weiße Kartoffelkroketten eintauchen und braten.

Lyonnaise-Kartoffeln

Kalte Salzkartoffeln in kleine Würfel schneiden; zu jedem Pint einen Esslöffel Butter geben; Geben Sie die Butter in eine gewöhnliche Bratpfanne, schmelzen Sie sie, fügen Sie einen Esslöffel gehackte Zwiebeln hinzu und schütteln Sie, bis die Zwiebeln goldbraun sind. die Kartoffeln dazugeben, schütteln oder über einem heißen Feuer schwenken, bis jedes Stück leicht gebräunt ist; Leicht mit einem halben Teelöffel Salz, einem Esslöffel Petersilie und einer Prise Pfeffer bestreuen; anrichten und servieren.

Gebratene Kartoffeln

Kalte Salzkartoffeln der Länge nach in dünne Scheiben schneiden; Tauchen Sie jede Scheibe in etwas geschmolzene Butter, bestäuben Sie sie mit Salz und Pfeffer und braten Sie sie über einem klaren Feuer, bis sie goldbraun ist. Bei Magen-Dyspeptikern ist es besser, zuerst die Kartoffeln zu braten und anschließend die Butter hinzuzufügen, da die Butter durch das Erhitzen unverdaulich wird. Süßkartoffeln können nach der gleichen Regel gegrillt werden und wären dann weniger fettig als gebraten.

Gemüsegebräuntes Haschisch

Schneiden Sie zwei oder drei kalt gekochte Kartoffeln ziemlich fein, fügen Sie die gleiche Menge gehackte Karotten und entweder grüne Bohnen oder Erbsen hinzu, je nachdem, was Sie übrig haben. Dazu können Sie eine Tasse gedünsteten Kohl hinzufügen. Geben Sie zwei Esslöffel Butter in eine flache Bratpfanne, mischen Sie das Gemüse, geben Sie es in die Butter und lassen Sie es über einem langsamen Feuer stehen, bis es vollständig gebräunt ist und am Boden eine Kruste aufweist. Falten Sie eine Hälfte vorsichtig über die andere und drücken Sie die beiden Hälften zusammen. noch einen Moment garen und auf einer vorgewärmten Platte anrichten. Dies ist ein schönes Gericht, das man zum Mittag- oder Abendessen mit Omelette und Tomatensauce servieren kann.

KÄSE

Die Schalen von Edamer oder Ananaskäse werden, nachdem der gesamte verfügbare Käse herausgeschöpft wurde, als Auflaufform für gedünstete Spaghetti oder Makkaroni oder Reis verwendet. Wenn man vorsichtig ist, kann eine Schale für drei oder vier Backvorgänge verwendet werden . Kochen Sie die Makkaroni in klarem Wasser, bis sie weich sind. Anschließend abtropfen lassen, in kleine Stücke schneiden und zur Sahnesauce geben. Gießen Sie dies in die Käseschale, stellen Sie die Schale auf ein Stück geöltes Papier in eine Backform und lassen Sie sie fünfzehn bis zwanzig Minuten lang bei mittlerer Hitze backen. Heben Sie die Schale vorsichtig an, legen Sie sie auf eine vorgewärmte Schüssel und legen Sie sie sofort auf den Tisch. Nachdem die Makkaroni herausgenommen wurden, wird die Schale gereinigt und für das nächste Backen an einem kalten Ort beiseite gelegt. Durch das Rösten dieser Schale entsteht gerade genug Käse, um den Makkaroni einen angenehmen Geschmack zu verleihen. Einfacher gekochter Reis kann in die Schalen gehäuft und gedünstet oder für einige Momente im Ofen gebacken werden.

Wenn Reste oder Stücke von gewöhnlichem Käse zu hart und trocken sind, um auf dem Tisch serviert zu werden, sollten sie gerieben, in ein Glas gegeben und für Käsebällchen zum Servieren mit Salat, Käsesoufflé, für gebackene Makkaroni oder Spaghetti oder für Kroketten beiseite gelegt werden , Käsesauce oder Herzoginsuppe.

Käsesoufflé

Stellen Sie eine Tasse altbackene Semmelbrösel mit etwas Milch für einen Moment über das Feuer. Vom Feuer nehmen, das Eigelb von drei Eiern, sechs Esslöffel geriebenen Käse, einen halben Teelöffel Salz und eine Prise roten Pfeffer hinzufügen; das gut geschlagene Eiweiß unterrühren; in einzelne Auflaufformen geben; Im Schnellofen etwa acht Minuten backen und sofort auf den Tisch stellen.

Käsebällchen

Reiben oder hacken Sie so viel gewöhnlichen Käse, dass ein halber Pint entsteht. Fügen Sie dazu einen halben Liter altbackene Semmelbrösel, einen halben Teelöffel Salz, eine Prise rote Paprika und das leicht geschlagene Eiweiß von zwei Eiern hinzu. Formen Sie daraus kleine Kugeln von der Größe einer englischen Walnuss; Erst in Ei und dann in Semmelbröseln tauchen und in glühend heißem Fett anbraten. Diese können auch zu kleinen zylinderförmigen Kroketten verarbeitet und mit Sahnesauce serviert werden.

Herzogin-Suppe

Geben Sie zwei Esslöffel Butter und eine geschnittene Zwiebel in einen Topf. kochen, bis die Zwiebel weich und gelb ist; Fügen Sie dazu zwei Esslöffel Mehl hinzu, mischen Sie und fügen Sie dann einen Liter Milch, einen gestrichenen Teelöffel Salz und eine schmackhafte Würze aus rotem Pfeffer hinzu. Fügen Sie sechs Esslöffel geriebenen Käse hinzu; in einem Wasserbad rühren, bis es rauchend heiß ist; durch ein feines Sieb drücken; aufwärmen und sofort zum Tisch servieren.

Käsepudding

Toasten Sie altbackene Brotscheiben, bis sie in der Mitte goldbraun und knusprig sind. Das geht am besten im Ofen. Legen Sie eine Schicht dieses gerösteten Brotes auf den Boden einer Auflaufform. eine viertel Tasse geriebenen oder gehackten Käse darüber geben, mit Salz und rotem Pfeffer bestreuen; dann eine weitere Schicht Brot, eine weitere Schicht Käse und die letzte Schicht Brot. Gießen Sie ausreichend Milch darüber, um das Brot anzufeuchten. Im Schnellofen fünfzehn Minuten backen und sofort servieren.

SAUCEN

Alle Fleischsaucen werden nach der gleichen Regel zubereitet, wobei die Flüssigkeiten je nach Variation variiert werden; Zum Beispiel sind immer ein Esslöffel Butter (was eine Unze bedeutet) und ein Esslöffel Mehl (eine halbe Unze) pro halbem Liter Flüssigkeit erlaubt. Butter und Mehl werden miteinander verrieben (besser ohne Erhitzen), dann wird die Flüssigkeit kalt oder warm hinzugefügt und das Ganze über dem Feuer gerührt, bis es kocht. Ein halber Teelöffel Salz und ein Achtel Teelöffel Pfeffer sind die richtige Gewürzmenge.

Weiße Soße

Wenn Sie eine weiße Soße zubereiten möchten, verwenden Sie einen Esslöffel Butter, einen Esslöffel Mehl und einen halben Liter Milch. Wird auch Milch- oder Sahnesauce genannt.

Tomatensauce

Tomatensauce enthält die gleichen Anteile an Butter und Mehl sowie ein halbes Pint passierte Tomaten.

Bechamelsoße

Für die Bechamelsoße den Becher zur Hälfte mit Brühe füllen, dann die restliche Hälfte mit Milch auffüllen und noch einmal den halben Liter Flüssigkeit und die übliche Menge Butter und Mehl dazugeben.

Sauce Supréme

Dies ist eine der besten Saucen für aufgewärmtes Hähnchen, Ente oder Truthahn. Reiben Sie einen Esslöffel Butter und einen Esslöffel Mehl zusammen und fügen Sie dann nach und nach einen halben Liter Hühnerbrühe hinzu. Ständig rühren, bis es kocht, vom Feuer nehmen, die Eigelbe von zwei Eiern dazugeben, durch ein feines Sieb passieren, würzen und sofort servieren.

Soßen, die das Eigelb ungekochter Eier enthalten, können nach dem Hinzufügen der Eier nicht erneut aufgekocht werden.

Englische gezeichnete Butter

Für englische Butter verwenden Sie einen Esslöffel Butter, einen Esslöffel Mehl und einen halben Liter Wasser. Normalerweise lassen wir das Wasser kochen und geben es nach und nach unter schnellem Rühren zur Butter und zum Mehl. Sobald es den Siedepunkt erreicht hat, vom Feuer nehmen und vorsichtig einen weiteren Esslöffel Butter hinzufügen. Dies kann in eine Ebene umgewandelt werden

Sauce Hollandaise

indem man den letzten Esslöffel Butter, das Eigelb von zwei Eiern, den Saft einer halben Zitrone, einen Teelöffel Zwiebelsaft und einen Esslöffel gehackte Petersilie hinzufügt.

Braune Soße

Dazu werden Butter und Mehl in den oben genannten Mengenverhältnissen verrührt und anschließend ein halbes Pint Brühe hinzugefügt. Bis zum Kochen rühren, einen Teelöffel Bräunungs- oder Küchenbouquet und die üblichen Gewürze aus Salz und Pfeffer hinzufügen. Um den Charakter dieser Sauce zu verändern , fügen Sie Knoblauch, Zwiebeln, Worcestershire-Sauce, Pilzketchup usw. hinzu.

Braune Tomatensauce

Eine überaus leckere Soße für Hamburger Steaks. Nachdem Sie die Steaks aus der Pfanne genommen haben, fügen Sie einen Esslöffel Butter und einen Esslöffel Mehl hinzu; mischen. Füllen Sie Ihren Messbecher zur Hälfte mit passierten Tomaten und die restliche Hälfte mit Brühe, sodass ein halber Pint entsteht. Fügen Sie dies der Butter und dem Mehl hinzu, rühren Sie, bis es kocht, fügen Sie Salz und Pfeffer hinzu und gießen Sie es über die Steaks.

Gebratene Rindersoße

Gebratene Rindersoße, die eigentlich eine Soße sein sollte, wird verbessert, indem man der Brühe etwas Tomate hinzufügt, bevor man sie zum Fett und Mehl hinzufügt. Beim Braten von Fleisch verwenden wir keine Butter für die Soße; Am Boden der Pfanne befindet sich immer ausreichend Fett. Gießen Sie alles bis auf einen oder zwei Esslöffel Fett (die erforderliche Menge) aus der Pfanne und fügen Sie das Mehl hinzu. Ein gerundeter Esslöffel Butter, auf den wir uns beziehen, wiegt eine Unze; von flüssigem Fett, wie in der Pfanne, müssen Sie zwei Esslöffel pro Unze zulassen; Wenn Sie also einen halben Pint Soße zubereiten möchten, nehmen Sie bis auf zwei Esslöffel alles Fett weg; Fügen Sie einen Esslöffel Mehl und dann einen halben Liter Wasser oder Brühe hinzu.

Bräunung

Einfacher gebrannter Zucker (Karamell) kann zum Färben von Suppen und Soßen verwendet werden, wodurch das mühsame Bräunen von Mehl oder Butter erspart bleibt. Es wird auch als Aroma für Süßigkeiten verwendet. Geben Sie eine Tasse trockenen Zucker in einen eisernen Topf. Stellen Sie es über ein heißes Feuer und rühren Sie ständig um, bis eine dunkelbraune Flüssigkeit entsteht. Wenn es anfängt zu brennen und zu rauchen, geben Sie eilig eine Tasse kochendes Wasser hinzu, rühren Sie um und kochen Sie, bis eine dünne, sirupartige Mischung entsteht. Es darf nicht zu dick sein. In die Flasche füllen, schon ist es gebrauchsfertig und lange haltbar.

Küchenstrauß

Fügen Sie eine gehackte Zwiebel und einen Teelöffel Selleriesamen zu einer Tasse trockenem Zucker hinzu und verfahren Sie dann wie beim normalen Bräunen. Abseihen und in Flaschen abfüllen. Eine sehr gute Mischung unter diesem Namen gibt es im Lebensmittelladen zu kaufen.

Pilz Sauce

Wenn nur noch ein paar Pilze übrig bleiben, entweder frisch oder aus der Dose, können sie fein gehackt und zu einer braunen Soße hinzugefügt und mit Steak oder Rindfleisch serviert werden; Oder sie können fein gehackt und zu einer Sahnesauce hinzugefügt und mit Hühnchen oder Kalbsbries serviert werden.

Kalte Fleischsaucen

Wenn man kaltes Fleisch serviert, ist es üblich, etwas Würze wie Worcestershire-Sauce, Pilz-, Walnuss- oder Tomaten-Ketchup dazuzugeben. Natürlich sind diese in großen Mengen mehr oder weniger schädlich. An ihre Stelle können mehrere kleine Reste im Haus gesetzt werden, die dem Fleisch mehr Würze verleihen und wirtschaftlicher und gesünder sind.

Gehackte Tomatensauce

Eine große Tomate schälen, halbieren und die Kerne herausdrücken; Das Fruchtfleisch der Tomate fein hacken, einen viertel Teelöffel Salz, eine Prise Pfeffer oder, falls vorhanden, etwas fein gehackte Paprika hinzufügen; Sie können auch etwas sehr fein gehackten Sellerie oder Selleriesamen und einen Teelöffel Zwiebelsaft hinzufügen. Reiben Sie Ihren Löffel mit einer Knoblauchzehe ein und vermischen Sie die Zutaten gründlich. Einen Teelöffel Zitronensaft hinzufügen und aufkochen. Passen Sie es auf und verwenden Sie es wie gewöhnliches Ketchup.

Soße aus geriebener Gurke

Drei oder vier große Gurken reiben; Lassen Sie sie auf einem Sieb abtropfen. Fügen Sie zu diesem abgetropften Fruchtfleisch einen halben Teelöffel Salz, eine Prise rote Paprika, einen Teelöffel Zwiebelsaft und einen Esslöffel Zitronensaft hinzu und rühren Sie vorsichtig zwei oder drei Esslöffel sehr dicke Sahne unter. Wenn Sie die Sahne vorher ein wenig aufschlagen können, umso besser. Der Tomate kann auch Sahne zugesetzt werden.

Gehackte Selleriesauce

Den Sellerie so fein hacken, dass ein halber Pint entsteht. Würzen Sie es mit einem viertel Teelöffel Salz, einem Teelöffel Zwiebelsaft und einer Prise Pfeffer. Reiben Sie den Löffel mit Knoblauch ein, vermischen Sie ihn gründlich, rühren Sie das leicht geschlagene Eigelb mit zwei Esslöffeln Sahne hinein; Ein paar Tropfen Zitronensaft oder Estragon-Essig hinzufügen und servieren.

Sahnemeerrettichsoße

Dies ist eine der köstlichsten Saucen, die man zu Fleischresten, insbesondere Rindfleisch, servieren kann. Aus dem Essig vier Esslöffel Meerrettich pressen, einen viertel Teelöffel Salz hinzufügen und das Eigelb unterrühren. Sechs Esslöffel Sahne zu einem steifen Schaum schlagen, nach und nach unter den Meerrettich rühren und auf einmal anrichten.

Puddingsaucen

Die einfache Methode, eine Puddingsauce zuzubereiten, besteht darin, zu einer halben Tasse Zucker einen Esslöffel Mehl hinzuzufügen; gründlich vermischen und dann hastig einen halben Liter kochendes Wasser hinzufügen; Kurz aufkochen und heiß unter ständigem Rühren in ein gut geschlagenes Ei gießen. Dies kann nun mit einem beliebigen Aroma gewürzt werden, beispielsweise Orange, Zitrone oder Vanille.

Um den Charakter dieser Soße zu verändern, kann ein Esslöffel Butter hinzugefügt werden. Wenn Butter einen großen Anteil an der Zusammensetzung einer Puddingsoße ausmacht, ist es besser, sie zu einer Creme zu schlagen, den Zucker nach und nach hinzuzufügen, dann das Ei und zuletzt den Likör. Erhitzen Sie es unmittelbar zum Servieren über einem Wasserbad, sonst schwimmt der Schaum an der Oberfläche und die Flüssigkeit ist am Boden ziemlich dicht.

Geschmolzener Zucker mit Zitronensaft und etwas Wasser nennt man Zuckersauce.

SALATE

Selbst bei sorgfältiger Haushaltsführung kommt es unter der Woche zu einer Zeit, in der sich kleine Dinge ansammeln, ein paar Oliven, ein oder zwei Scheiben Rüben, vielleicht zwei oder drei Stücke gekochte Karotten, eine kalte Kartoffel, ein ganz kleines bisschen von kaltem Fisch oder Aufschnitt und nicht mehr als ein oder zwei Esslöffel Aspikgelee; Diese können alle in einem verwendet werden

Russischer Salat

Das Gemüse vorsichtig hacken oder schneiden; vermischen, zwei oder drei Esslöffel geröstete Pinienkerne sowie das Fleisch und den Fisch dazugeben; Geben Sie das Gericht auf Salatblätter oder, wenn Sie Tomaten haben, schälen Sie das Innere, entfernen Sie es und füllen Sie den Salat in die Tomaten. Mit French- oder Mayonnaise-Dressing servieren; Mit Aspikgelee-Stückchen garnieren.

GETREIDE

Übrig gebliebener kaltgekochter Reis kann mit einer kleinen Menge Fleisch vermischt und zum Füllen von Tomaten oder Auberginen verwendet werden ; oder es kann erneut erhitzt oder zu Pudding verarbeitet, zu den Muffins zum Mittagessen oder zum Maisbrot hinzugefügt werden.

Maisbroten kann auch eine Tasse Haferflocken oder geschroteter Weizen oder Weizenbrei hinzugefügt werden. Diese kleinen Zusätze erhöhen den Nährwert, machen die Mischung leichter und sparen Abfall.

Südliches Reisbrot

Trennen Sie zwei Eier, schlagen Sie das Eigelb, bis es hell ist, und fügen Sie eine Tasse (ein halbes Pint) Milch hinzu; fügen Sie einen Esslöffel geschmolzene Butter, einen halben Teelöffel Salz und eineinhalb Tassen Maismehl hinzu; Gut verrühren und eine Tasse kalten, gekochten Reis unterrühren; einen Teelöffel Backpulver hinzufügen; zwei oder drei Minuten schlagen; Das gut geschlagene Eiweiß unterrühren und in einem dünnen Blech in einer gewöhnlichen Backform backen.

Reismuffins

Zwei Eier trennen; zum Eigelb eine Tasse Milch und anderthalb Tassen Weißmehl geben; Gut verrühren, einen halben Teelöffel Salz, einen Teelöffel Backpulver und eine Tasse kalt gekochten Reis hinzufügen; Das gut geschlagene Eiweiß unterrühren und in einer Schnellbackform zwanzig Minuten im Ofen backen.

Reiskroketten

Um aus kaltgekochtem Reis Kroketten zuzubereiten, muss der Reis in einem Wasserbad mit einem Glas Milch und dem Eigelb pro Tasse erneut erhitzt werden. Sie können es mit Zucker und Zitrone oder Salz und Pfeffer würzen und als Gemüse servieren. Zu zylinderförmigen Kroketten formen; In Ei und Semmelbröseln tauchen und in rauchend heißem Fett braten.

Einfacher Milchreis

Einen Liter Milch in einen Wasserbad geben; Lassen Sie es dreißig Minuten kochen; dann fügen Sie zwei Esslöffel Zucker, eine geriebene Muskatnuss und eine Tasse kalt gekochten Reis hinzu; Verwandeln Sie dies in eine Backform und backen Sie es 30 Minuten lang im Schnellofen. Kalt servieren. Beim Einlegen in die Backform können Rosinen hinzugefügt werden.

Zitronen Reis

In eine Tasse kalt gekochten Reis einen halben Liter Milch einrühren; Das Eigelb von drei Eiern mit einer halben Tasse Zucker hell schlagen; Reis und

Milch dazugeben; Fügen Sie die abgeriebene gelbe Schale und den Saft einer Zitrone hinzu. Verwandeln Sie dies in eine Backform. In einem mäßig schnellen Ofen zwanzig bis dreißig Minuten backen. Das Eiweiß zu steifem Schaum schlagen, drei Esslöffel Puderzucker hinzufügen und erneut schlagen. Diese über den Pudding häufen, dick mit Puderzucker bestäuben; zum langsamen Bräunen in den Ofen zurückstellen; kalt servieren.

Paradiespudding

Drei Äpfel schälen, entkernen und reiben. Drei Eier trennen; zum Eigelb vier Esslöffel Zucker hinzufügen; schlagen, bis es hell ist; eine geriebene Muskatnuss und einen Teelöffel Zitronensaft hinzufügen; eine halbe Tasse kalt gekochten Reis einrühren; Mischen Sie schnell die Äpfel damit und schlagen Sie alles gut durch; fügen Sie eine halbe Tasse Milch hinzu; In eine Auflaufform geben und 30 Minuten backen. Machen Sie aus dem Eiweiß ein Baiser wie im vorherigen Rezept. Darüber häufen und anbraten. Dieser Pudding kann warm oder kalt serviert werden.

Kompott aus Ananas

Gießen Sie einen halben Liter kochendes Wasser über eine Tasse kalten gekochten Reis. kurz umrühren; abtropfen lassen und an die Ofentür stellen. Halten Sie eine kleine Ananas bereit und nehmen Sie sie auseinander. fügen Sie eine halbe Tasse Zucker hinzu; Unter ständigem Rühren schnell erhitzen. Ordnen Sie den Reis in der Mitte einer runden Schüssel an, sodass ein flacher Hügel daraus entsteht. Die Ananas ordentlich darauf häufen; Den Sirup darübergießen und sofort auf den Tisch stellen. Kleinere Mengen oder übriggebliebene Obstsorten können auf diese Weise vermengt und weiterverwendet werden.

Montagspudding

Vollkornbrotstücke in Würfel schneiden. Verwenden Sie eine halbe Tasse übrig gebliebenes Obst, Pflaumen, Rosinen, gehackte Datteln oder kandierte Früchte. Eine gewöhnliche Melonenform einfetten; Legen Sie eine Schicht Brot auf den Boden, dann eine Schicht Obst und so weiter, bis die Form gefüllt ist. Drei Eier mit vier Esslöffeln Zucker verquirlen, ohne sie zu trennen. einen halben Liter Milch hinzufügen; Gießen Sie dies vorsichtig über das Brot. zehn Minuten stehen lassen; Dann den Deckel auf die Form legen und eine Stunde lang ununterbrochen dämpfen oder kochen lassen. Mit Zitronen- oder Orangensauce servieren.

Apfel-Farina-Pudding

Gießen Sie den restlichen Frühstücksbrei in eine quadratische Form und stellen Sie diese beiseite. Schneiden Sie es zum Mittag- oder Abendessen in dünne Scheiben, bedecken Sie den Boden einer Auflaufform mit diesen

Scheiben, bedecken Sie diese mit geschnittenen Äpfeln und machen Sie so weiter, bis Sie alle Zutaten verwendet haben, mit der letzten Schicht Äpfeln. Schlagen Sie ein Ei, ohne es zu trennen, bis es hell ist, fügen Sie eine halbe Tasse Milch und einen Salzlöffel Salz hinzu und rühren Sie dann eine halbe Tasse Mehl unter. Wenn alles glatt ist, über die Äpfel gießen und im Schnellofen eine halbe Stunde backen. Mit Milch oder fester Soße servieren.

Cranberry-Farina-Pudding

2 Tassen kalter übriggebliebener Farina-Porridge, 1/2 Tasse Preiselbeeren, 1/2 Tasse Zucker

Es ist ratsam, den Brei direkt nach dem Frühstück in eine Form zu gießen. Zum Servieren in eine Glasschüssel geben und über die durch ein Sieb gepresste Preiselbeere gießen. Dick mit dem Zucker bestäuben. Den restlichen Zucker in einen halben Liter Milch oder Sahne einrühren und als Soße zum Pudding servieren.

Einfacher Farina-Pudding

2 Tassen Milch 1/2 Tasse Zucker 2 Eier 1 Tasse übrig gebliebenes Mehl oder Weizensahne 1 Teelöffel Vanille

Geben Sie die Milch in ein Wasserbad, fügen Sie den Zucker und den kalten Mehlbrei hinzu. Rühren, bis alles heiß ist, dann die gut geschlagenen Eier und die Vanille hinzufügen. In eine Auflaufform geben und im Ofen backen, bis es braun ist. Kalt servieren, mit Milch oder Sahne.

Farina-Edelsteine

2 Eier 1 Tasse Milch 1 Tasse kalt gekochtes Mehl 1 Tasse Mehl 4 gestrichene Teelöffel Backpulver 1/2 Teelöffel Salz

Trennen Sie die Eier, geben Sie die Milch hinzu und rühren Sie diese nach und nach unter die kalte Mehlspeise. Wenn alles glatt ist, Salz, Backpulver und Mehl hinzufügen und vermischen. Schlagen Sie die Masse und heben Sie dann das gut geschlagene Eiweiß unter. In Edelsteinpfannen im Schnellofen eine halbe Stunde backen.

Hominy Pone

1 Tasse gekochtes Maismehl, 1 Tasse weißes Maismehl, 2 Tassen Milch, 2 gestrichene Esslöffel Butter, 2 Eier, 1/2 Teelöffel Salz

Wenn der Maisbrei kalt ist, geben Sie noch übriggebliebenen Maisbrei hinzu, fügen Sie die Milch hinzu, und wenn alles glatt ist, fügen Sie die gut geschlagenen Eier, dann die geschmolzene Butter und das Maismehl hinzu. In eine gefettete Pfanne füllen und im sehr heißen Ofen etwa zwanzig bis fünfundzwanzig Minuten backen.

Haferflocken-Muffins

Den gewöhnlichen Muffin-Rezepten, die immer ungefähr gleich sind, egal welches Mehl verwendet wird, wurde möglicherweise eine Tasse gut gekochtes Haferflockenmehl hinzugefügt; Trennen Sie beispielsweise zwei Eier wie bei Reismuffins. eine Tasse Milch zum Eigelb geben; dann fügen Sie eineinhalb Tassen Vollkornmehl hinzu; gründlich schlagen; einen Teelöffel Backpulver hinzufügen; noch einmal schlagen; Fügen Sie eine Tasse gut gekochtes Haferflockenmehl hinzu oder ersetzen Sie es mit Weizenbrei oder einem anderen Frühstückszerealien. Das Eiweiß unterheben und in einer Schnellofenpfanne zwanzig bis dreißig Minuten backen.

Sandwiches

Kleine Fruchtstücke, knusprige Selleriestücke und Aufschnitt aller Art können gehackt, richtig gewürzt und für die Zubereitung von Obst-, Gemüse- und Fleischsandwiches verwendet werden.

GEMÜSE

Bohnen, Blumenkohl, Karotten, Rüben, Erbsen und sogar eine kalte Salzkartoffel können alle in saubere Stücke geschnitten, gemischt und auf Salatblättern serviert werden, angerichtet mit French-Dressing als Salat. Eine kalt gekochte Rote Bete kann als Beilage für einen Kartoffelsalat verwendet werden. Wenn Sie genügend Bohnen haben, können Sie sie auch einzeln als Salat servieren.

Gefüllte Aubergine

Werfen Sie eine große Aubergine in einen Kessel mit kochendem Wasser. zehn Minuten kochen; Wenn es kalt ist, halbieren und mit einem stumpfen Messer die Mitte herauslöffeln. Diese ausgehöhlte Portion fein hacken, eine gleiche Menge fein gehacktes, ungekochtes Fleisch untermischen, eine geriebene Zwiebel, eine zerdrückte Knoblauchzehe, einen Teelöffel Salz, etwas gehackte Petersilie (falls vorhanden) und eine Prise hinzufügen Pfeffer. Füllen Sie dies in die Auberginenschalen , stellen Sie sie in eine Backform, fügen Sie eine Tasse Brühe und einen Esslöffel Butter hinzu, backen Sie sie eine Stunde lang langsam und begießen Sie sie alle zehn Minuten.

Gurken

Rohe Gurken verwelken schnell und sind dann nicht zum Servieren geeignet. Bis zum Servieren in kaltem, ungesalzenem Wasser einweichen. Geben Sie das French Dressing in eine separate Schüssel. Auf diese Weise können die „Reste" in den Kühlschrank gestellt und am nächsten Tag als Beilage zum Abendsalat verwendet werden.

Übrig gebliebene Tomaten

Eine halbe Tasse gedünstete Tomaten kann zusammen mit der Brühe für braune Tomatensauce oder für die Zubereitung eines kleinen Tellers mit überbackenen Tomaten verwendet werden, um beim Mittagessen auszuhelfen, wenn die Familie vielleicht weniger zahlreich ist. Die Italiener kochen diese halbe Tasse Tomaten ein, bis sie die Konsistenz von Teig haben; Anschließend durch ein Sieb drücken, etwas salzen, in einen Geleebecher füllen und zum Würzen in den Kühlschrank stellen. Ein Esslöffel in einer Suppe oder in einer gewöhnlichen Soße, oder mit dem Wasser für gebackene Bohnen gemischt oder zur Brühsoße für Spaghetti oder Makkaroni hinzugefügt, trägt wesentlich zum Geschmack und Aussehen bei.

Maisaustern

6 Ähren kalt gekochter Mais 2 Eier 1 Tasse Milch 1/2 Tasse Mehl 1/2 Teelöffel Salz 1 Salzlöffel Pfeffer

Den Mais einritzen, ausdrücken, die gut geschlagenen Eier und das Öl oder die Butter dazugeben; Dann Milch, Salz und Pfeffer unterrühren. Das Mehl sieben, einrühren und löffelweise in flaches, heißes Fett geben.

Hühnchen-Maiskuchen

6 Ähren kalt gekochter Mais 4 Eier 1 gestrichener Esslöffel Butter, geschmolzen 1 Tasse Milch 1 Teelöffel Salz 1 Salzlöffel Pfeffer 1 junges Huhn

Den Mais einritzen und mit einem stumpfen Messer ausdrücken. Die Eier vorsichtig schlagen, ohne sie zu trennen, bis sie hell sind, Milch, zerlassene Butter, Salz und Pfeffer hinzufügen. Gießen Sie dies in eine Auflaufform oder Puddingform. Lassen Sie das Huhn herausnehmen und auseinandernehmen. Von der Brust zwei Stücke schneiden, in vier Stücke schneiden, mit Salz und Pfeffer bestäuben und mit zerlassener Butter bestreichen. Legen Sie das Hähnchen auf diese Mischung und lassen Sie die Auflaufform etwa eine Stunde lang im mäßig schnellen Ofen stehen. In der Schüssel servieren, in der es zubereitet wurde. Manche ziehen es vor, das Hähnchen auf der Knochenseite zu braten, bevor sie es in den Pudding geben. Der Pudding kann gebacken werden, es dann in den Pudding geben und mit dem Pudding anbraten. Dies ist eine gute Möglichkeit, kalte Maisreste zu verwenden, und anstelle des frischen Hähnchens können auch kalte Hähnchenstücke verwendet werden.

Grüne Maiskuchen

4 übrig gebliebene gekochte Maiskolben 1 Ei 2 Esslöffel Milch 1 Esslöffel geschmolzene Butter 1/2 Tasse Mehl 1/2 Teelöffel Salz

Den Mais einschneiden, das gekochte Mark herausdrücken, das geschlagene Ei, die Milch, die zerlassene Butter und das Salz hinzufügen. Das Mehl einrühren und esslöffelweise in etwas gut erhitztes Fett tropfen.

FRÜCHTE

Kleine Mengen Obst, die nicht sichtbar genug sind, um noch einmal auf den Tisch zu kommen, können beiseite gelegt und zu einem Obstkuchen verarbeitet werden. Es können alle Obstsorten gemischt werden. Geben Sie sie in einen Topf und geben Sie zu jedem halben Liter dieser Frucht einen Liter Wasser und ein schmackhaftes Zuckergewürz, und Sie können es mit etwas geriebener Zitronen- oder Orangenschale würzen; zum Siedepunkt bringen. Während dieser Zeit einen halben Liter Mehl in eine Schüssel geben, einen halben Teelöffel Salz und einen Teelöffel Backpulver hinzufügen. Schlagen Sie ein Ei, bis es hell ist, fügen Sie eine halbe Tasse Milch hinzu und geben Sie diese dann zum Mehl. Es sollte gerade genug davon vorhanden sein, um es anzufeuchten und einen Teig zu machen. Auf dem Brett herausnehmen, leicht durchkneten, ausrollen und in Kekse schneiden. Legen Sie diese Kekse über die Früchte. Decken Sie den Wasserkocher ab und kochen Sie ihn fünfzehn Minuten lang langsam. Heben Sie den Deckel während des Garens nicht an. Heiß mit Milch oder Sahne oder mit einer kräftigen Soße aus Zucker und Butter servieren.

Fruchtsoufflé

Schlagen Sie das Eiweiß von sechs Eiern, bis es hell, aber nicht trocken ist. drei Esslöffel Puderzucker hinzufügen; schnell mischen; Legen Sie den Boden der Auflaufform mit beliebigen Früchten aus, zum Beispiel gehackten Datteln oder Feigen oder übriggebliebenen kandierten Früchten oder Konfitüren. Das Eiweiß darüber häufen, dick mit Puderzucker bestäuben und im heißen Ofen fünf Minuten backen. Sofort servieren. Um für Abwechslung zu sorgen, wenn altbackene Kekse, Brot oder Biskuit übrig bleiben, legen Sie den Boden der Form mit den altbackenen Stücken aus; Gießen Sie so viel Milch darüber, dass sie feucht ist, und legen Sie eine Schicht Obst und das Eiweiß wie oben darauf.

Obst -Jambolaya

Geben Sie eine Tasse kalt gekochten Reis in ein kleines Sieb oder Sieb und stellen Sie es über den Teekessel, wo der Dampf durchströmt. Schneiden Sie alle übriggebliebenen Früchte fein, z. B. einen Apfel, eine Birne, eine Pflaume, eine Banane und das Fruchtfleisch einer Orange. Sie können alle miteinander vermischt und leicht gesüßt werden. Geben Sie etwas Reis auf vier Schüsseln, geben Sie jeweils einen Esslöffel gehacktes Obst in die Mitte und stellen Sie es auf den Tisch. Das eignet sich besonders gut für Kinder und ist eine gute Möglichkeit, sowohl den Reis als auch die Früchte zu verwerten, da es eine gute Kombination ergibt.

Einfacher weißer Kuchen

Eine viertel Tasse Butter zu einer Creme schlagen; Fügen Sie nach und nach eineinhalb Tassen Zucker hinzu. Sieben Sie zwei Tassen Mehl mit einem Teelöffel Backpulver; Messen Sie ein halbes Liter Wasser ab. etwas Wasser und etwas Mehl hinzufügen und so weitermachen, bis die Zutaten aufgebraucht sind; Gut verrühren, dann das gut geschlagene Eiweiß von fünf Eiern unterrühren. Im Laib oder in Schichten backen. Legen Sie die Schichten mit gehackten Früchten, weicher Vanillesoße oder einer weichen Glasur zusammen.

Hühnchen-Muffinförmchen

Kochen Sie einen halben Liter Wasser und zwei Esslöffel Butter zusammen, fügen Sie eilig einen halben Liter gesiebtes Mehl hinzu und rühren Sie über dem Feuer, bis ein glatter Teig entsteht. Vom Feuer nehmen und nach dem Abkühlen ein ungeschlagenes ganzes Ei hinzufügen; schlagen, ein weiteres hinzufügen und so weitermachen, bis vier Eier hinzugefügt wurden. In Edelsteinpfannen etwa eine halbe Stunde backen, bis sie hell und hohl sind. Diese Menge ergibt zwölf. Von der Oberseite einen Kreis abschneiden und den Muffin mit einer beliebigen Sahnemischung füllen.

Kokosnussmilch herstellen _

Bedecken Sie einen Liter geriebene Kokosnuss mit einem halben Liter kochendem Wasser. Umrühren und zerstampfen; abseihen und drücken. Die so gewonnene Milch kann für Currys verwendet werden. Werfen Sie das Fruchtfleisch weg.

Sauermilch und Sahne

Maiskuchen

2 Eier 1 Tasse dickflüssige Sauermilch 1 gestrichener Teelöffel Backpulver 2 Tassen Maismehl 3/4 Tasse Weißmehl 2 Tassen süße Milch 3 gestrichene Teelöffel Backpulver

Schlagen Sie die Eier, bis sie sehr hell sind, ohne sich zu trennen. Befeuchten Sie das Soda mit zwei Esslöffeln kaltem Wasser und rühren Sie es in die Tasse Sauermilch. Fügen Sie dies zu den Eiern hinzu, fügen Sie dann das Mehl hinzu und schlagen Sie alles gründlich durch. Backpulver und Mehl sieben; Rühren Sie diese in die andere Mischung und fügen Sie dann die beiden Tassen süße Milch hinzu. In eine flache, gefettete Pfanne gießen und in einem mäßig schnellen Ofen etwa eine Dreiviertelstunde backen. Darauf sollte eine Vanillesoße sein.

Biskuit-Maiskuchen

1 Tasse Maismehl, 1/2 Tasse Mehl, 1 Tasse dicke Sauermilch, 2 Eier, 1 gestrichener Esslöffel Butter, geschmolzen, 1/2 Teelöffel Salz, 1/2 Teelöffel Backpulver

Die Limonade in einem Esslöffel Wasser anfeuchten und in die dickflüssige Sauermilch einrühren. Trennen Sie die Eier; Eigelb schlagen, Sauermilch, geschmolzene Butter, Maismehl und Mehl dazugeben. Gut verrühren, dann das gut geschlagene Eiweiß unterheben, salzen und in einer flachen, gefetteten Pfanne im Schnellofen eine halbe Stunde backen.

Alte Virginia-Teigkuchen

2 Eier 1 Tasse Sauermilch 1 Tasse Wasser 2 Tassen weißes Maismehl 1 Tasse Mehl 1/2 Teelöffel Salz 1 gestrichener Teelöffel Backpulver 1 Teelöffel Backpulver

Schlagen Sie die Eier, ohne sie zu trennen, bis sie sehr, sehr hell sind. Lösen Sie das Soda in etwas Wasser auf und geben Sie es zur Sauermilch. rühren, bis alles gut vermischt ist, dann zum Ei geben; Wasser, Maismehl, Salz und mit Backpulver gesiebtes Mehl hinzufügen. Gründlich vermischen und auf einer sehr leicht gefetteten Grillplatte backen.

Einfache Corn Dodgers

1 Ei 1/2 Teelöffel Salz 1 Tasse dicke Sauermilch 1 gestrichener Teelöffel Backpulver 1 Tasse Maismehl 1/2 Tasse Mehl

Das Ei schlagen, ohne es zu trennen. Lösen Sie das Soda auf und geben Sie es zur Sauermilch. fügen Sie dies dem Ei hinzu; Fügen Sie das Salz, dann das Maismehl und das Mehl hinzu. Schlagen Sie, bis alles gut vermischt ist, und geben Sie es löffelweise in eine flache Pfanne, in der Sie etwas Speck oder Schinkenfett haben. Wenn es auf einer Seite gegart ist, wenden Sie es schnell und kochen Sie es auf der anderen Seite.